服装
实用技术
应用提高

图解服装裁剪与制板技术

领型篇

王雪筠 著

中国纺织出版社

内 容 提 要

本书以服装结构设计的难点——领子为主题，由浅入深地讲述各种领型结构设计的原理、规律、应用方法。重点介绍服装主要领型——无领、平领、立领、翻领与变化领的结构原理与主要结构设计方法，结合大量实例分析各种领型的结构细节处理。

本书内容通俗易懂，图文并茂，理论与实践结合，有助于服装专业人员深入研究领型结构，也可以作为服装专业的学生与爱好者的参考用书。

图书在版编目（CIP）数据

图解服装裁剪与制板技术. 领型篇／王雪筠著. —北京：中国纺织出版社，2015.4

服装实用技术·应用提高

ISBN 978-7-5180-0804-9

Ⅰ．①图… Ⅱ．①王… Ⅲ．①服装裁缝—高等学校—教材 Ⅳ.①TS941.63

中国版本图书馆CIP数据核字（2014）第160989号

策划编辑：李春奕 责任编辑：杨 勇 责任校对：寇晨晨
责任设计：何 建 责任印制：储志伟

中国纺织出版社出版发行
地址：北京市朝阳区百子湾东里A407号楼 邮政编码：100124
销售电话：010—67004422 传真：010—87155801
http：//www.c-textilep.com
E-mail: faxing@c-textilep.com
中国纺织出版社天猫旗舰店
官方微博 http：//weibo.com/2119887771
三河市宏盛印务有限公司印刷 各地新华书店经销
2015年4月第1版第1次印刷
开本：889×1194 1/16 印张：7.75
字数：118千字 定价：32.00元

凡购本书，如有缺页、倒页、脱页，由本社图书营销中心调换

前言

　　在服装设计这门学科中，服装结构设计是服装设计到服装加工的中间环节，是实现设计思想的根本，也是从立体服装到平面衣片转变的关键所在，可称之为设计的再设计、再创造。它在服装设计中有着极其重要的地位，是服装设计师必须具备的专业素质之一。

　　领子是服装的中心，也是设计装饰重点之一。领的结构设计是服装结构设计的难点之一。本书是针对服装结构的设计难点——领子，由浅入深地讲述了平领、立领、翻领与各种变化领型的结构设计的原理、规律及应用方法。由于领型的变化较为丰富，书中以大量的案例有针对性地分析不同领型的特点、结构设计方法、实际操作注意要点等。对部分特殊的领型，书中还配有实物样衣进行结构验证。本书内容全面系统，既有较高的理论价值，又有较强的实用价值。

　　本书由重庆师范大学王雪筠撰写。由于作者水平有限，书中难免有疏漏和不足之处，热忱欢迎广大读者与专家批评指正。

王雪筠

2014年5月

目 录

第一章 服装领型设计概述

第一节 服装领子的作用

领子装缝于衣身领口线上，与人体颈部相贴，是构成服装的主要部件之一，也是服装结构的重要组成因素。领子的款式、造型、风格受服装流行趋势、个人喜好以及穿着者的脸形、气质、年龄等因素影响，变化范围十分广泛。虽然有千变万化的领子，但是总的来说，领子具有保暖与防风、修饰人体、装饰服装的功能。

一、保暖与防风

服装上的领子可以起到防风护颈的作用。领子冬季可以防风保暖（图1-1），夏季可以阻挡阳光，是一个很好的遮蔽保护伞。

二、修饰人体

服装款式可以弥补个人身材不足，领口与领子的设计可以弥补穿着者的脸形、颈部、前胸以及肩部的不足。在现实生活中，有各种各样不同脸形的人，有的脸形稍长，有的脸形稍短，还有的脸形较圆，有的脸形较方等。当圆形与圆形、方形与方形处于同一人体中时，会使人产生圆线条、方线条的重合，给人带来重复呆板和强化原有造型特征之感。因此，圆脸形可以配平领或V型（图1-2）领口，在视觉上有弱化和拉长作用；有棱角的脸可以通过曲线领口来弱化脸部线条。

图1-1

图1-2

图1-2

三、装饰服装

在服装造型中，上衣中占主导地位的是"领、袖"，领子是关键，因为领子接近人的头部，映衬人的脸部，容易成为视线焦点。领子对领口的装饰性、补充性和强调性都是决定服装完成效果的决定因素。领子在造型上既要有变化又要有艺术效果，它的变化和风格要与服装设计风格保持统一。

第二节　服装领型的分类与设计要点

一、服装领型的分类

领子一般不独立存在，所谓领型，指包裹颈部或肩部、胸部的上衣的造型部分。领型的种类很多，按照结构特点主要分为无领、立领、平领、翻领四大类。

（一）无领

无领也叫领口领，指衣身领口线上不外加领片，直接以领口线的变化而形成各种款式的衣领，是领子中最基础、最简洁的一种。从美学观点看，无领能充分显示人体颈肩线条的美感。无领的造型变化主要是由领口线的变化决定。无领设计的形式主要有一字领（图1-3）、圆领（图1-4）、方领（图1-5）、V领（图1-6）等。

（二）立领

立领指领面向上竖起，贴近颈部的领型，穿着时耸立围绕在人的颈部的领型。由于立领近似颈部

图1-3

图1-4

图1-5

图1-6

形状，设计时应以人体的颈部结构为依据。立领的结构较为简单，在传统的中式服装、旗袍及学生装

上应用较多。现代服装中的立领造型已脱离以往的模式，不断出现新颖、流行的造型（图1-7）。

图1-7

（三）平领

平领也叫摊领、扁领，是平伏在肩部的无底领

结构领型。造型时随着领子的宽窄、形状的变化而呈现出千变万化的领子款式（图1-8）。

图1-8

（四）翻领

翻领一般是一片翻领（图1-9）、翻立领（图1-10）、翻驳领（图1-11）等各类领子的总称。

翻领一部分领子贴近颈部，一部分翻出来接触肩部，是有底领、翻领的领型。这种领子根据底领大小、底领高、翻领高等方面变化，使用范围非常广泛。

图1-9

图1-10

图1-11

二、服装领型设计要点

领型是服装的重要组成部分，是上衣较重要的部位之一，设计得好可以起到画龙点睛的作用。领型的设计需要注意以下两点：

（一）适合人体颈部结构与运动规律

服装是供人穿着的，它的可穿着性应该排在第一位。领子是服装的组成部分，领型的设计也必须符合人的颈部结构、满足人体运动需要。人体颈部连接着头部与躯干，略向前倾斜呈不规则圆柱体。人体运动时，颈部可左右扭动，向前弯曲弧度大，一般不向后弯曲。领型的结构造型设计要符合人体颈部的这些特点。这方面的内容是本书的重点，在后面的章节会具体介绍。

（二）满足审美功能需要

领子是服装的一部分，首先必须符合服装的整体风格。对领子更高的要求就是可以提升服装的审美情趣。这两点做好，领型的设计就是服装上一个真正的亮点。随着面料质地、性能的改进、服装文化内涵的更新，现代服装造型技术和平面结构展开技术也在不断地更新和发展，这对领型的设计提出了新的挑战。

第二章　服装领型的结构原理

第一节　人体颈部结构与运动原理

一、颈部骨骼

颈部骨骼中最重要的为颈椎。颈椎共由七块颈椎骨组成，每个颈椎都由椎体和椎弓两部分组成。颈椎又是脊柱椎骨中体积最小，但灵活性最大、活动频率最高、负重较大的节段。

锁骨是连接中轴骨与肢带骨的重要部位，一边参与构成胸锁关节，可以参与呼吸，另一边与肩胛骨、肱骨构成肩关节。锁骨也是很多肌肉的附着点。两个锁骨中间凹陷部分的颈前点是颈根围确定的重要参照点（图2-1）。

条肌肉，负责头颈往各方向的运动。此肌肉左右各一条，从耳朵后面凸起的骨头（称为乳突）开始到前颈部的胸骨及锁骨处，所以称为胸锁乳突肌。胸锁乳突肌的作用是一侧肌肉收缩使头向同侧倾斜，脸转向对侧；两侧收缩可使头向前屈（低头动作）；或当头扬起一定角度时使头继续向后仰（抬头动作）。该肌最主要的作用是维持头的正常位置、端正姿势以及使头在水平方向上从一侧向另一侧做观察物体的运动。

斜方肌是覆盖后颈部、肩部、上背部的表层肌肉，连接着肩胛骨和脊柱。只要肩胛骨和脊柱的相对位置和角度发生变化都会需要斜方肌的参与。斜方肌可以协调颈部和脊柱的运动，协助头部后仰，侧屈及旋转（图2-2）。

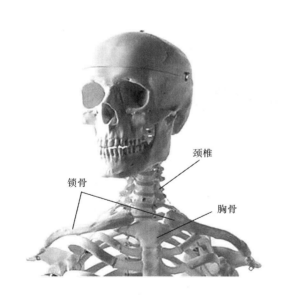

图2-1

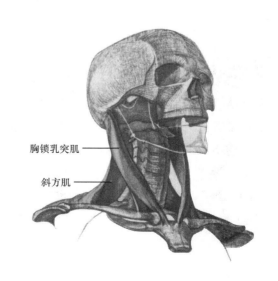

图2-2

二、颈部肌肉

胸锁乳突肌，是颈部众多肌肉中最大最粗的一

三、颈部运动

颈部通常与头一起运动，经常出现的运动有颈部前屈、颈部后伸、颈部侧屈、颈部外旋（图2-3）等❶。这些动作中最频繁的是颈部前屈，也是我们常称的低头。颈部运动的轴心是第一颈椎，以后脑为支撑点；颈部运动的主作用肌——胸锁乳突肌生长方向向前；人体颈部皮肤在咽喉处最薄，皮肤越薄越便于运动。以上三点决定颈部前屈运动最大。

颈部运动时，颈根围变化程度微弱。颈部的运动不影响领围的舒适性，也就是领口线的结构可以不考虑颈部的运动关系。领口线的结构与肩部运动关系密切❷。

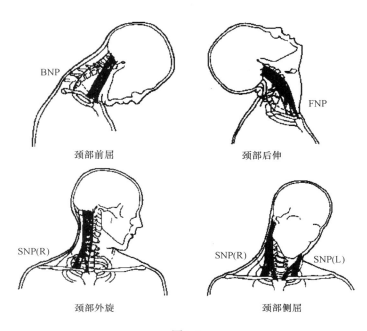

BNP	FNP
颈部前屈	颈部后伸
SNP(R)	SNP(R) SNP(L)
颈部外旋	颈部侧屈

图2-3

第二节　无领结构的形成原理与结构要点

一、无领结构的形成原理

无领结构就是用衣身领口线表示领型，结构最简单，造型变化只在人体的胸部、肩部、背部。由于无领结构不与颈部接触，只与衣身相关，因此领口线的造型要考虑衣身的浮余量（图2-4）。当领口造型距离颈部较远（大于5cm），也就是开口较低，接近胸高点，就需要额外增加1~2.5cm的领口省

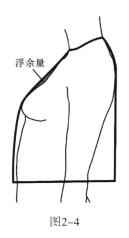

浮余量

图2-4

❶ 中泽　愈. 人体与服装：人体结构·美的要素·纸样[M]. 袁观洛，译. 北京：中国纺织出版社，2000：114~115。
❷ 中泽　愈. 人体与服装：人体结构·美的要素·纸样[M]. 袁观洛，译. 北京：中国纺织出版社，2000：114。

（图2-5），保证领口线贴合人体。因此，无领结构通常和衣身结构相关。

二、无领的结构设计方法

本书所用的原型为日本文化式第七代女装原型，具体的原型结构制图见附录。原型采用160/84A的号型标准。

以原型领口线为基础，变化出需要的各种领型。原型的领口线是围绕颈根一周，有1cm左右的松量。在这个基础上，可以任意调整，变化各种款式。

结构设计的具体方法如图2-6所示。

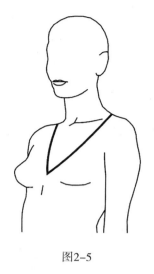

图2-5

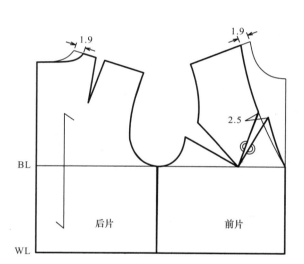

图2-6

（一）制图步骤

（1）以腰围线对齐，拷贝原型。

（2）根据设计的款式（图2-5），扩大前后横开领1.9cm，并画出前胸V型弧线和后片领口线。

（3）由于领开口到胸围线上，需要增加2.5cm的胸口省。根据省道两边长度相同，重新画顺前胸V型弧线。

（4）把领口省转移到衣身的胸省上，前胸V型弧线合并完整。

（二）结构要点

（1）当领子开口较低，低于颈前中心点5cm时，需要额外增加一个领口省。这个领口省可以消除前胸处的衣身浮余量。

（2）领口省的省量一般为1~2.5cm。领口省的省量和领子的开口高低有关系。领子的开口越低，领口省的省量越大。

第三节　立领结构的形成原理与结构要点

一、立领结构的形成原理

（一）立领的组成

立领是缝于衣身上的结构，它的结构造型由以下三个要素影响（图2-7）：

（1）领下口线：也叫装领线，是领片与衣身缝合的部位。

（2）领座（领高）：向上竖起贴近颈部的部分。

（3）领外口线：领外部轮廓的结构线。

（二）立领的分类

按照领外口线与领下口线的长度关系，立领可以分成三类（图2-8）：直立式立领、内倾式立领及外倾式立领。

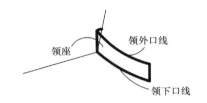

图2-7

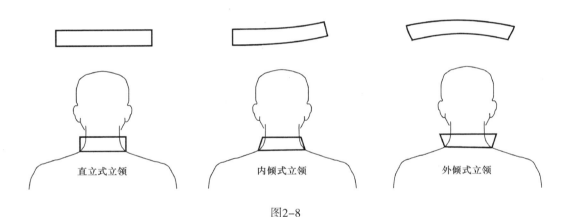

图2-8

（1）直立式立领（图2-9）：领外口线与领下口线一样长，在颈后面较为贴近颈部，颈前有较大的兜空量。

（2）内倾式立领（图2-10）：领外口线比领下口线短，颈后、颈前都贴体。

（3）外倾式立领（图2-11）：领外口线比领下口线长，领子不贴合颈部，向外张开。

（三）内倾式立领的形成

内倾式立领的领外口线贴合人体的颈部，比领下口线短。从直立式立领变成内倾式立领，只收小

图2-9

图2-10

图2-11

靠近领前中心部分（图2-12）。因为后领已经比较贴颈，兜空量在领前。

领子领高3cm，领围（衣身领口线）为38cm，领上围（领上口线）为35cm。

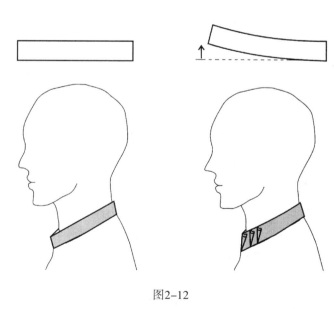

图2-12

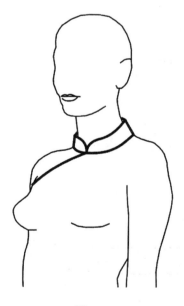

图2-13

二、内倾式立领的结构设计方法

内倾式立领较贴合颈部，但上领口仍有活动松量。领座较矮，方便颈部运动。立领的结构制图方法有很多，常见的有剪切法、直接制图法、衣身结合制图法这三种。基本的立领款式如图2-13所示。

（一）剪切法

剪切法是最直观、易懂的制图方法。但是需要二次制图，制图步骤稍多。立领结构设计的具体方法如图2-14所示。

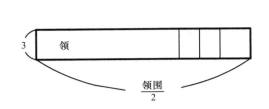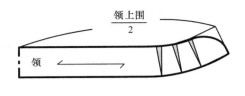

图2-14

1. 制图步骤

（1）画一个矩形，长为$\dfrac{领围}{2}$=19cm，宽为3cm。

（2）在矩形前端剪开三个开口。

（3）剪口折叠至上口弧线长度等于$\dfrac{领上围}{2}$=17.5cm。

（4）画顺领口弧线。

2. 结构要点

（1）剪口的位置处于颈侧点与颈前中心点之间。

（2）制图前要预先设计领上围长度尺寸，这个量可以实测，也可以估算。

（二）直接制图法

直接制图法也称起翘量法，也叫比例法。依靠经验确定领子的结构的具体尺寸。直接制图法比剪切法制图快捷。结构设计的具体方法如图2-15所示。

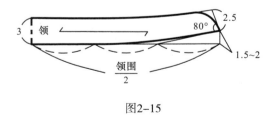

图2-15

1. 制图步骤

（1）画长为$\dfrac{领围}{2}$=19cm的线段，并把此线段等分为三等份。

（2）在线段前端垂直向上1.5~2cm，确定领子的颈前中心点。

（3）通过领子的颈前中心点向线段上画弧线，切于最后一个三等份点上。

（4）颈后中心点垂直向上3cm，画出领高。

（5）颈前中心点与下领口弧线夹角80°左右画2.5cm的前领高。

（6）画顺领上口弧线。

2. 结构要点

（1）起翘量越大，领外口线越小，越贴合颈部，但舒适性降低。一般起翘量为1~3cm。

（2）前领高小于后领高，满足向前运动的舒适要求。

（3）颈前中心点与下领口弧线夹角根据款式可以调整。

（三）衣身结合制图法

衣身结合制图法制图最繁琐，但是领子结构与款式的符合程度较高。一般适用于领前造型有变化的立领款式。结构设计的具体方法如图2-16所示。

1. 制图步骤

（1）把衣身前领口线分为三等份。在靠前的第一等份处，记为B。画垂直B点切线的垂线段，长2.5cm。

（2）颈前中心点向上2.5cm画前领高，并画出一小段领上口弧线与垂线段相交，交点为A。

（3）以B点为圆心，长度等于后领口弧线长度与$\dfrac{2}{3}$前领口弧线长度之和为半径画圆弧。

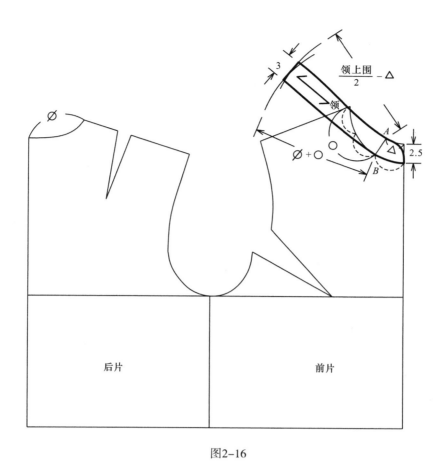

图2-16

（4）以A点为圆心，长度等于$\frac{领上围}{2}$减去领前一小段领上口弧线的长度为半径画圆弧。

（5）画两条圆弧的公切线，用弧线连接B点与切点。

（6）确定后中领高3cm。用弧线画顺领上口弧线。

2.　结构要点

（1）B点位置不是固定的，根据款式需要，可以在前领口弧线上选择任意点作为B点。B点的位置选择决定领子前端贴颈程度，越靠近颈侧点，领子前端就越贴颈。

（2）领下口线的长度要和衣身领口线长度相同。

第四节　平领结构的形成原理与结构要点

一、平领的形成原理

（一）平领的组成

平领是缝于衣身上的结构，它的结构造型受以下三个要素影响（图2-17）：

领外口线　　领下口线

翻领

图2-17

（1）领下口线：也叫装领线，是领片与衣身缝合的部位。

（2）翻领：与领下口线相连，翻在外面，接触肩的部分。

（3）领外口线：领外部轮廓的结构线。

（二）平领的形成

平领就是平搭在肩上的领型，只用在衣身上截取需要的长度就可以。这样的平领与衣身领口线缝合后，缝合线会刚好露在外边，不美观。一般为了隐藏这条缝合线，会把平领做成一个有很小领座的翻领。领座高一般为0.5cm左右，相对于巨大的翻领而言可以忽略。因此，在结构认知上，平领没有领座。

二、平领的结构设计方法

图2-18所示为大圆领，领宽8cm。领子有很小的领座（隐藏缝合缉线），几乎可以不计。

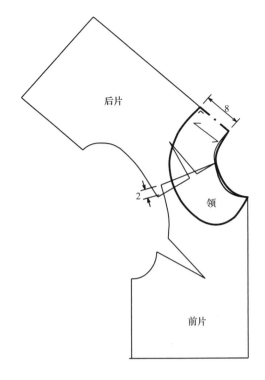

图2-19

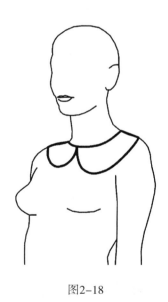

图2-18

（一）制图步骤

平领的结构制图大致分为以下步骤，详细制图如图2-19所示。

（1）拷贝衣身片。前后衣身片颈侧点对齐，前后衣身片在肩线上重叠2cm。画顺领口弧线，领口弧线比衣身领口线略平，可以在领口上隐藏缝合线迹。

（2）后中确定8cm的领宽，垂直后中线画弧线。

（3）颈前中心点向下，按照款式画顺领片的领外口线。

（二）结构要点

衣身肩线上重叠量一般为2~2.5cm，可以形成0.5cm高的领座，隐藏领片与衣身的缝合线迹。

第五节　翻领结构的形成原理与结构要点

一、翻领的形成原理

（一）翻领的组成

翻领的结构造型由以下五个要素影响（图2-20）：

（1）领下口线：也叫装领线，是领片与衣身缝合的部位。

（2）底领（领座）：向上竖起贴近颈部的部分。

（3）翻折线：将底领与翻领分开的折线，也可以是底领与翻领的缝合线。

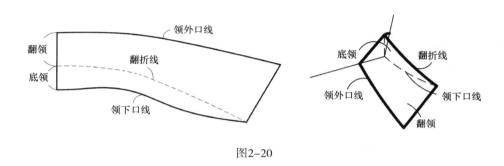

图2-20

（4）翻领：与底领相连，翻在外面，接触肩的部分。

（5）领外口线：翻领外部轮廓的结构线。

（二）翻领的形成原理

直条结构的领片围绕在颈部上，翻折后领后上翘，不能完全遮住底领。在领片上剪切展开，增大领外口线的长度。这样的领片翻折后，整个翻领能够服帖落于肩上（图2-21）。因此，翻领的结构为领外口线长度大于领下口线长度的形状。

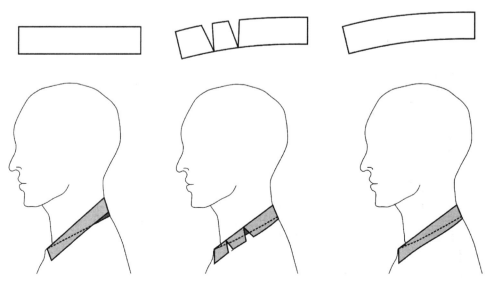

图2-21

二、一片翻领的结构设计方法

一片翻领（图2-22），自带领座。领座在颈部的后中最高，在颈前中心点消失。领座与翻领的高度之和，一般是后中的领高。设计此一片翻领的翻领高3.5cm，领座高2.5cm。

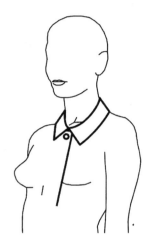

图2-22

（一）直接制图法

一片翻领可以脱离衣身，直接制图。这样的制图方法也叫起翘量法（图2-23）。具体的制图步骤如下：

（1）量取衣身的前后片领口线长度，分别用〇和∅表示。

（2）画一条水平线与一条垂直线相交。交点向上2.5cm，为翻领的起翘量。2.5cm是一个估计值，这个值的大小决定翻领高与领座高。

（3）起翘量端点水平画一条线段，长度为衣身后领口线长度∅。再向下水平线引一条斜线，长度为衣身前领口线长度〇。

（4）起翘量端点垂直向上6cm，为翻领的后中领高。

（5）翻领前中心点斜向画一条7cm的线段，为翻领前领宽。这条线段的斜度和宽度可以根据款式随意调节。

（6）用弧线画顺领外口线，翻领结构制图完成。

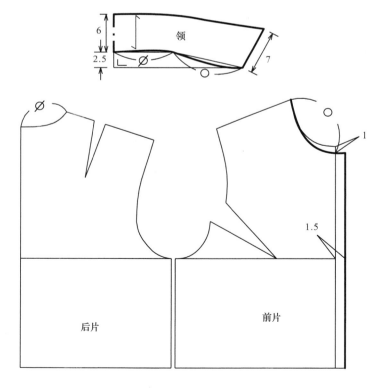

图2-23

（二）衣身结合制图法

衣身结合制图法（图2-24）制图得到的领子，能够较为准确地保证翻领与领座的值。这个方法需要与衣身联合制图，主要步骤如下：

（1）后中向下1cm确定翻领翻折下来的端点。1cm由后中翻领高3.5cm减去后中领座高2.5cm得到。

（2）颈侧点垂直向上画出在颈侧点的领座高2.5cm×0.85。颈侧点处的领座要比后中的领座低一些，系数0.85是一个定值，也可以适当调整。再向肩线上画斜线，长度为颈侧点的翻领高6cm-2.5cm×0.85，这是整个领片宽度减去颈侧点领座高的值。

（3）根据后片的翻领在肩上的端点，画出后片翻领的领外口线，量取此线长度记为△；量取后片衣身领口线长度，记为⌀。

（4）衣身前片颈侧点按照后片的画法，画出颈侧的翻领形状；在颈前中心点画出希望得到的翻领的形状，画顺领外口线。翻领的形状根据款式和个人爱好，可以任意设计。量取前片翻领的领外口线，量取此线长度记为⚡；量取前片衣身领口线长度，记为〇。

（5）画直条式的翻领，领高6cm，领口线长度为衣身领口线长度⌀+〇之和。前中翻领，拷贝衣身上设计的翻领形状即可。

（6）在颈侧点附近，剪切展开领外口线。领外口线长度展开为衣身上设计的领外口线长度△+⚡之和。

（7）修正翻领的领下口线形状。后领向上0.2cm，前领下降0.5cm，画成一条S形的曲线。

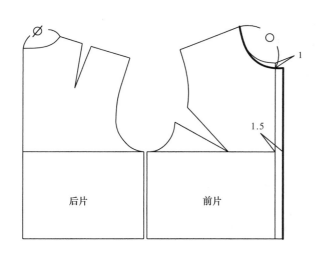

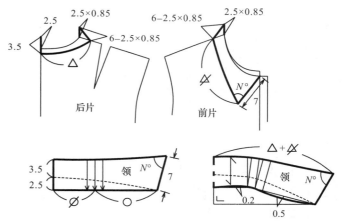

图2-24

三、翻立领的结构设计方法

翻立领（图2-25），又称衬衫领。领座与翻领是分开的，最后缝合而成。领座与翻领的高度之和，一般是后中的高度。设计此翻立领的翻领高3.5cm，领座高2.5cm。

（一）制图步骤

翻立领一般采用脱离衣身的直接制图法（图2-26）。具体的制图步骤如下：

图2-25

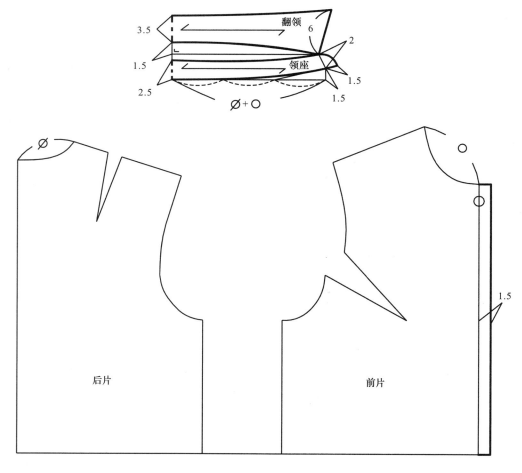

图2-26

（1）量取前后领口弧线的长度。

（2）画一条水平线段，长度等于前后领口弧线的长度之和。在水平线段一端画垂直线段2.5cm，为领座高，此点为颈后中心点。在水平线段另一端画垂直线段1.5cm，为领座的起翘量，此点为颈前中心点。起翘量的值决定领外口线长度。起翘量越大，领座越贴合颈部，但舒适性降低。起翘量一般为1~3cm。

（3）把水平线段分为三等份，从起翘点画弧线切于第二等份点。此弧线为领座的领下口线。延长领下口线1.5cm为搭门宽。

（4）从颈前中心点画一条2cm斜线段与领下口线夹角大致为80°。夹角度数根据款式不同，可以调整。斜线段的顶点为翻领的前中点。画顺领座的

领外口弧线。

（5）翻领的前中点向后中线画垂线，垂足向上1.5cm，为翻领的起翘量；再向上3.5cm，为翻领高。

（6）在翻领的前中点画一条6cm的斜线段，形状根据款式而定。再画顺翻领的领下口线与领外口线。

（二）结构要点

（1）翻领的领下口线与领座的领上口线的长度需要大致相等。

（2）翻领的领下口线的弧度要大于领座的领上口线的弧度。

四、翻驳领的结构设计方法

翻驳领有很多种类，但都是一片翻领与衣身驳领连接（图2-27）。各种翻驳领的结构设计方法大致相同。领座与翻领的高度之和，一般是后中的高度。设计此翻驳领的翻领高4cm，领座高3cm。

图2-27

（一）公式法

翻驳领的公式法（图2-28），是较为简单的一种方法。但这种方法不适用于一些特殊的领子。结构制图的主要步骤如下：

（1）延长肩线3cm×0.85，为颈侧点的领座高。颈侧点处的领座要比后中的领座低一些，系数0.85是一个定值，也可以适当调整。连接此点与翻驳点，形成翻折线。

（2）颈侧点的领座顶点，折下7cm−3cm×0.85，落在肩线上，为颈侧点翻领高。

（3）根据确定的翻领位置，在衣身上画出需要的翻驳领的形状。

（4）沿着翻折线，把设计的翻驳领镜像。

（5）平行于翻折线画三角形，确定倒伏量。过颈侧点，平行于翻折线画一条线段，线段长度为翻领高与领座高的和，也就是4cm+3cm=7cm。在线段的端点，作一条垂直于线段的小线段，长度为翻

领高与领座高的差的2倍，也就是（4cm−3cm）×2=2cm。根据小斜线段画出三角形的斜边。

（6）延长三角形斜边，斜边长度与后衣身领口线长度相等。

（7）垂直于领下口线画7cm的翻领总宽。

（8）弧线连接领高端点与镜像的翻领起点，画顺翻驳领的领外口线。

（9）颈侧点向肩端点方向偏移0.5cm，画顺翻驳领的领口弧线。

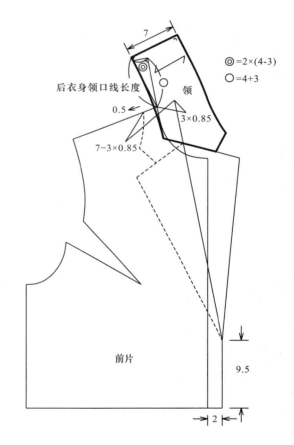

后衣身领口线长度

◎=2×(4−3)

○=4+3

0.5

3×0.85

7−3×0.85

领

前片

9.5

2

图2-28

（二）剪切法

剪切法是画翻驳领最通俗易懂的方法（图2-29）。主要的制图步骤如下：

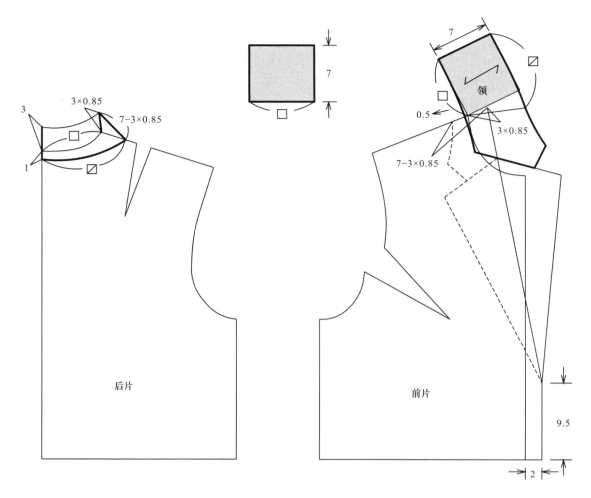

图2-29

（1）延长肩线3cm×0.85，为颈侧点的领座高。颈侧点处的领座要比后中的领座低一些，系数0.85是一个定值，也可以适当调整。连接此点与翻驳点，形成翻折线。

（2）颈侧点的领座顶点，折下7cm−3cm×0.85，落在肩线上，为颈侧点翻领高。

（3）根据确定的翻领位置，在衣身上画出需要的翻驳领的形状。

（4）沿着翻折线，把设计的翻驳领镜像。

（5）衣身后片后中向下1cm确定翻领翻折下来的端点。1cm由后中翻领高4cm减去后中领座高3cm得到。

（6）颈侧点垂直向上画出在颈侧点的领座高3cm×0.85。再向肩线上画斜线，长度为颈侧点的翻

领高7cm−3cm×0.85，这是整个领片宽度减去颈侧点领座高的值。

（7）根据后片的翻领在肩上的端点，画出后片翻领的领外口线，量取此线长度记为▱；量取后片衣身领口线长度，记为▢。

（8）画一个高为总领高7cm，宽为后衣身领口线长度▢的矩形。

（9）把矩形一个端点与前衣身的颈侧点重合，矩形的一条边为翻驳领的后领口线，另外一条边，拉开至领外口线长度与设计的▱相等。用弧线画顺领外口弧线。

（10）颈侧点向肩端点方向偏移0.5cm，画顺翻驳领的领口弧线。

（三）双切圆法

双切圆法（图3-30）是制图较快，又较为准确的翻驳领结构制图方法，主要的制图步骤如下：

（1）延长肩线3cm×0.85，为颈侧点的领座高。颈侧点处的领座要比后中的领座低一些，系数0.85是一个定值，也可以适当调整。连接此点与翻驳点，形成翻折线。

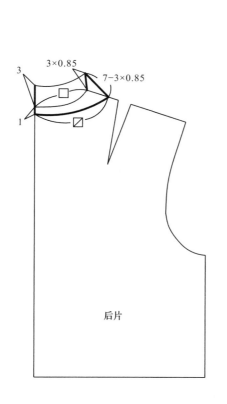

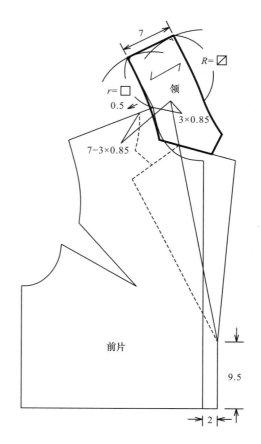

图2-30

（2）颈侧点的领座顶点，折下7cm-3cm×0.85，落在肩线上，为颈侧点翻领高。

（3）根据确定的翻领位置，在衣身上画出需要的翻驳领的形状。

（4）沿着翻折线，把设计的翻驳领镜像。

（5）衣身后片后中向下1cm确定翻领翻折下来的端点。1cm由后中翻领高4cm减去后中领座高3cm得到。

（6）颈侧点垂直向上画出在颈侧点的领座高3cm×0.85。再向肩线上画斜线，长度为颈侧点的翻领高7cm-3cm×0.85，这是整个领片宽度减去颈侧点领座高的值。

（7）根据后片的翻领在肩上的端点，画出后片翻领的领外口线，量取此线长度记为☑；量取后片衣身领口线长度，记为□。

（8）以颈侧点为圆心，衣身后领口线长度□为半径，画一个圆；以镜像的翻领端点为圆心，后片设计翻领的领外口线长度☑为半径，画一个圆。画出这两个圆的公切线。

（9）连接颈侧点与小圆的切点。切线上确定总领高7cm的线段长度。

（10）用弧线连接领高端点与镜像的翻领端点，画顺翻驳领另外口线。

（11）颈侧点向肩端点方向偏移0.5cm，画顺翻驳领的领口弧线。

（四）结构要点

（1）翻驳领的领外口线与总领高，共同决定

领子的造型。

（2）总领高一定时，领外口线决定后中领子领座与翻领的高。

第三章　无领结构的变化与应用

第一节　无领结构变化

无领结构变化主要是领口线的变化。领口线形状与大小可以根据款式任意改变，可以是圆形、方形、U形、V形、一字形、自由形状（图3-1、图3-2）等。无领结构很简单，但设计时需要考虑衣身的肩胛骨省道和胸省的位置与大小，与衣身变化相结合（图3-3）。

图3-2

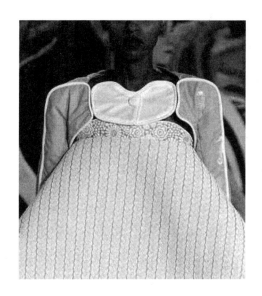

图3-1

图3-3

第二节 设计案例分析

一、案例一

（一）款式分析

此领的款式为小圆领（图3-4）。衣身领口线开口不大，只需要按照款式调整衣身领口线形状即可。

（二）结构设计

在原型的领口线基础上调整，前后颈侧点需要向外调整2cm，颈前中心点向下调整2cm。一般颈后中心点不调整，如果开领较大也可以适当调整。详细结构制图如图3-5所示。

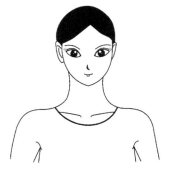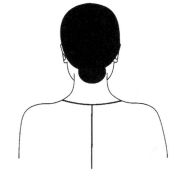

图3-4

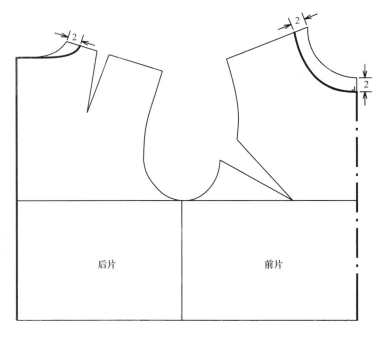

图3-5

二、案例二

（一）款式分析

此领的款式为变化小圆领（图3-6）。在小圆领的领口上增加领口褶裥，褶裥是由胸省转移而来。

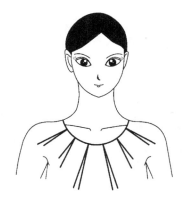
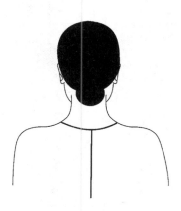

图3-6

（二）结构设计

领口较小，只需在原型的领口线上向外调整前后颈侧点1cm。领口的褶裥由胸省转移而来。所需要的褶裥量不够，在颈侧处增加一个褶裥。详细结构制图如图3-7所示。

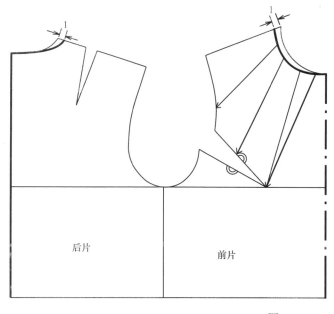
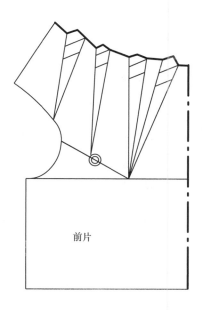

图3-7

三、案例三

（一）款式分析

此领的款式为小U型领（图3-8），衣身的领口线呈U形。衣身领口线开口不大，只需要按照款式调整衣身领口线形状即可。

（二）结构设计

在原型的领口线基础上调整，前后颈侧点向外调整2cm，颈前中心点向下调整4cm。一般颈前中心点向下调整量小于5cm，领口线不要额外处理。详细结构制图如图3-9所示。

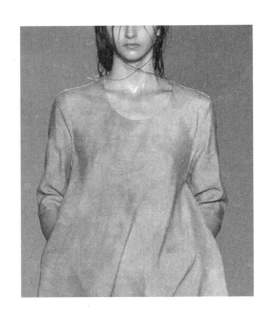

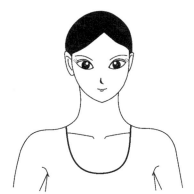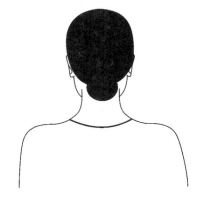

图3-8

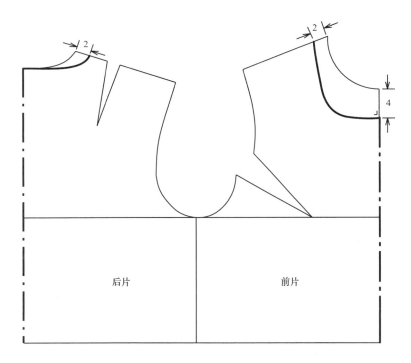

图3-9

四、案例四

（一）款式分析

此领的款式为大U型领（图3-10）。衣身前 领口开口较低，颈侧点开口较大，前胸裸露部分较多。

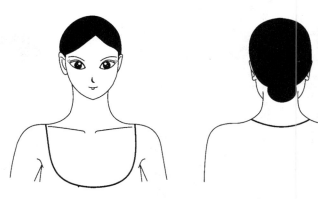

图3-10

（二）结构设计

在原型的领口线基础上调整，前后颈侧点向外调整7.8cm，颈前中心点向下调整12cm，颈后中心点向下调整2.5cm。颈前中心点向下调整量大于 5cm，需要增加一个2cm领口省，最后把领口省转移到衣身的省道里。这样的处理是为缩短前胸领口线长度，使前领口线紧贴人体。详细结构制图如图3-11所示。

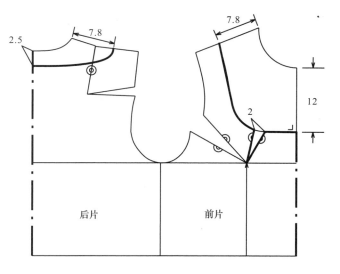

图3-11

五、案例五

（一）款式分析

此领的款式为小V领（图3-12）。衣身领口线

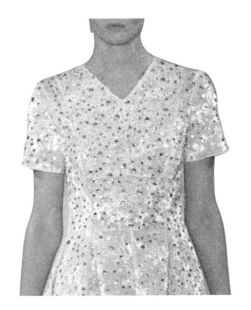

开口不大，只需要按照款式调整衣身领口线形状即可。

（二）结构设计

在原型的领口线基础上调整，前后颈侧点向外调整1cm，颈前中心点向下调整3.5cm。一般颈前中心点向下调整量小于5cm，领口线不要额外处理。详细结构制图如图3-13所示。

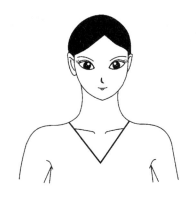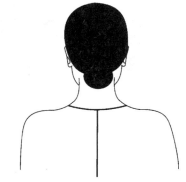

图3-12

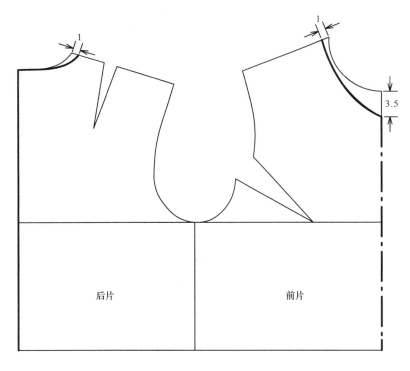

图3-13

六、案例六

（一）款式分析

此领的款式为大V领（图3-14）。领子开口极大，前中开口接近胸围线。大的V型领口线在视觉上有拉长脸形与颈部的作用。

（二）结构设计

在原型的领口线基础上调整，前后颈侧点向外调整8cm，颈前中心点向下调整13cm，颈后中心点向下调整2.5cm。颈前中心点向下调整量大于5cm，需要增加一个2cm领口省，最后把领口省转移到衣身的省道里。这样的处理是为了缩短前胸领口线长度，使前领口线紧贴人体。详细结构制图如图3-15所示。

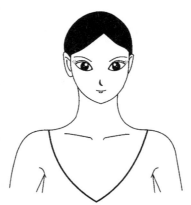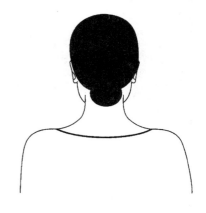

图3-14

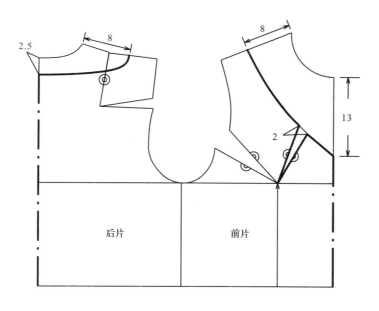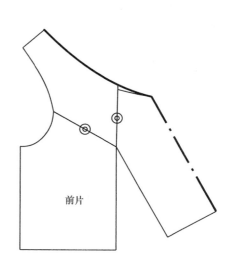

图3-15

七、案例七

（一）款式分析

此领的款式为小方领（图3-16）。衣身领口线开口不大，只需要按照款式调整衣身领口线形状即可。

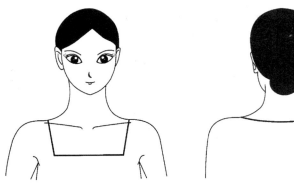

图3-16

（二）结构设计

在原型的领口线基础上调整，前后颈侧点向外调整4.5cm，颈前中心点向下调整3.5cm。由于颈侧点调整较大，为画顺后领口线，颈后中心点向下调整0.5cm。详细结构制图如图3-17所示。

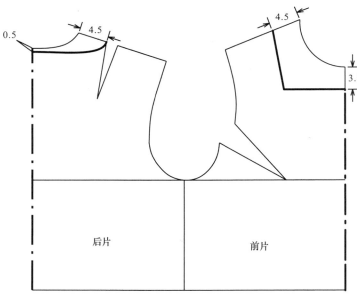

图3-17

八、案例八

（一）款式分析

此领的款式为大方领（图3-18），衣身前领口开口较低。

（二）结构设计

在原型的领口线基础上调整，前后颈侧点向外调整3cm，颈前中心点向下调整11cm，颈后中心点向下调整1cm。颈前中心点向下调整量大于5cm，需要增加一个1.5cm领口省，最后把领口省转移到衣身的省道里。这样的处理是为了缩短前胸领口线长度，使前领口线紧贴人体。详细结构制图如图3-19所示。

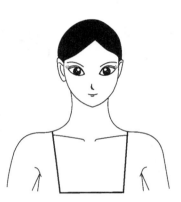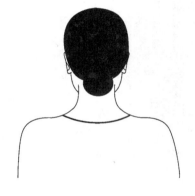

图3-18

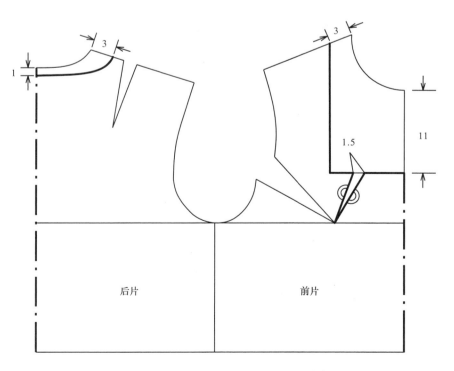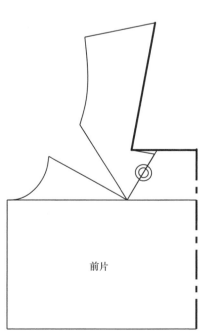

后片　　前片　　　前片

图3-19

九、案例九

（一）款式分析

此领的款式为一字领（图3-20）。领口在前中升高，呈现一字形状。这样的领型在视觉上有增宽肩部的作用。

（二）结构设计

在原型的领口线基础上调整，颈前中心点向上调整1.5cm。原型的前后肩端点沿肩线向内2.5cm为新的肩端点。详细结构制图如图3-21所示。

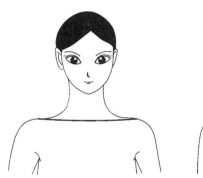
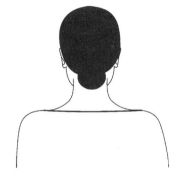

图3-20

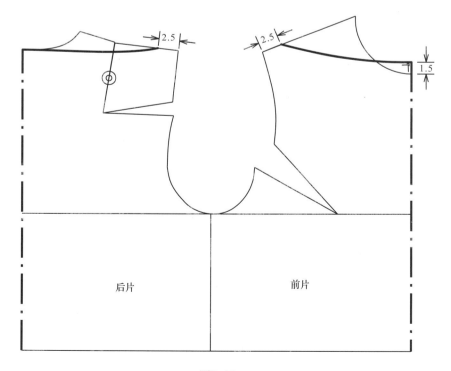

图3-21

十、案例十

（一）款式分析

此领的款式是不对称的领型（图3-22）。衣身前领口一边直线，一边圆弧线。不对称的领口线较容易产生设计的趣味性，摆脱呆板的形象。

（二）结构设计

原型的前片需要按照前中线镜像成一个完整的衣身前片。在原型的领口线基础上调整，前后颈侧点向外调整2cm。前片左边向下11cm画直线，右边画圆弧连接新的衣身颈侧点。前领口的形状根据款式要求，可以任意调整。详细结构制图如图3-23所示。

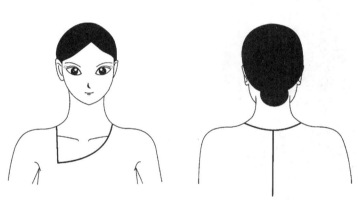

图3-22

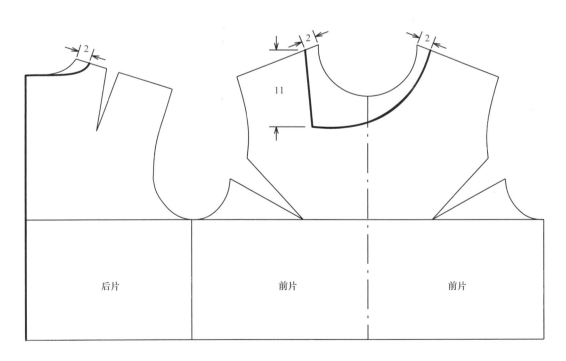

图3-23

十一、案例十一

（一）款式分析

此领的款式为垂荡领（图3-24）的变形款式。前中领口无明显垂褶，增大的领口形成一个类似大褶裥的形状。

（二）结构设计

在原型领口线基础上调整，前后颈侧点向外调整2cm，颈前中心点向下调整4.5cm。沿前中线剪切至胸围线，前片在前中处增加一个14cm的褶裥量。这个量可以形成前胸的大褶裥。详细结构制图如图3-25所示。

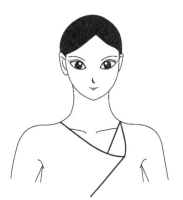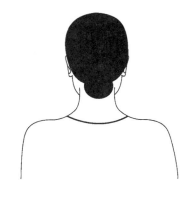

图3-24

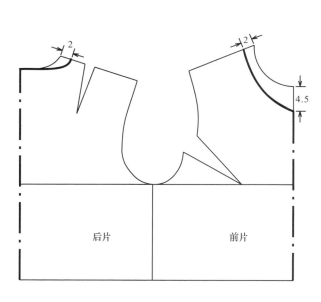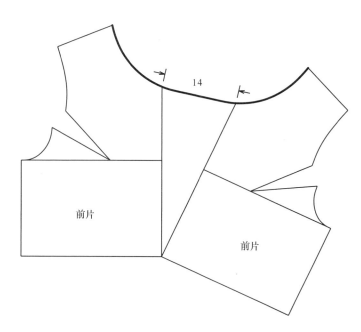

图3-25

十二、案例十二

（一）款式分析

此领的款式为高垂荡领（图3-26），又称考尔领。领子的垂褶不多，垂褶的位置离颈前中心点较近。

（二）结构设计

在原型的领口线基础上调整，前后颈侧点向外调整4.5cm，颈前中心点向下调整4.5cm。由于颈侧点调整较大，为画顺后领口线，颈后中心点向下调整0.5cm。沿前衣身领口线剪切两条弧形的剪切线，拉展剪切线至需要的褶裥量。过衣身颈侧点画一条直线为领口线，再画领口线的垂线交于衣身腰围线的前中点。增加的量可以形成前胸的垂褶。详细结构制图如图3-27所示。

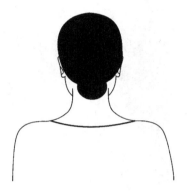

图3-26

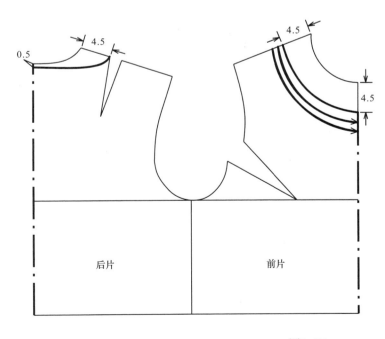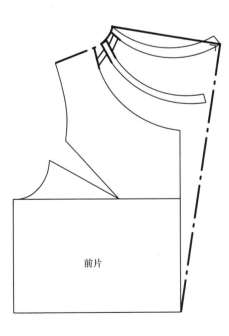

图3-27

十三、案例十三

（一）款式分析

此领的款式为低垂荡领（图3-28），又称低考尔领。领子的垂褶多，垂褶的位置离颈前中心点较远。

（二）结构设计

在原型的领口线基础上调整，前后颈侧点向外调整4.5cm，颈前中心点向下调整12cm。由于颈侧点调整较大，为画顺后领口线，颈后中心点向下调整0.5cm。沿前衣身领口线剪切两条直线剪切线，拉展剪切线至需要的褶裥量。过衣身颈侧点画一条直线为领口线，再画领口线的垂线交于衣身腰围线的前中点。增加的量可以形成前胸的垂褶。详细结构制图如图3-29所示。

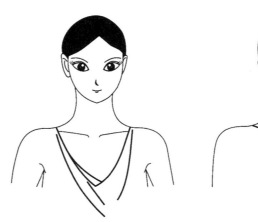
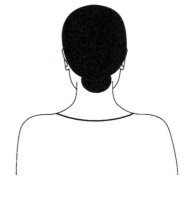

图3-28

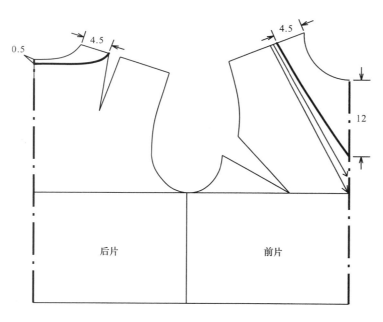
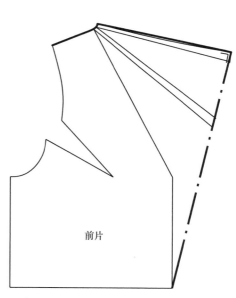

图3-29

十四、案例十四

（一）款式分析

此领的款式为交叉领（图3-30）。领口线左右交叉，并在领口处增加褶裥。设计有层次感，领口的线条显得丰富。

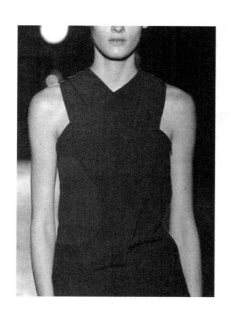

（二）结构设计

（1）原型的前片沿前中线镜像成一个整衣身。原型侧缝线前后片都向内收2cm，调整胸围松量至4cm。袖窿底点向上2cm，调整袖窿弧线。

（2）原型前后颈侧点沿肩线6.5cm，确定肩宽。重新画顺袖窿弧线。

（3）前片领口线较长，需要增加一个2cm领口省，最后把领口省转移到肩线上的省道里。

（4）沿前衣身肩线上的剪切线剪切展开，合并胸省与领口省。展开处增加2.5cm的褶量。重新画顺领口线。详细结构制图如图3-31所示。

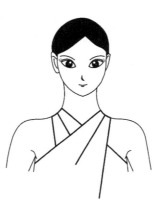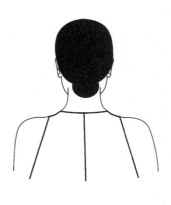

图3-30

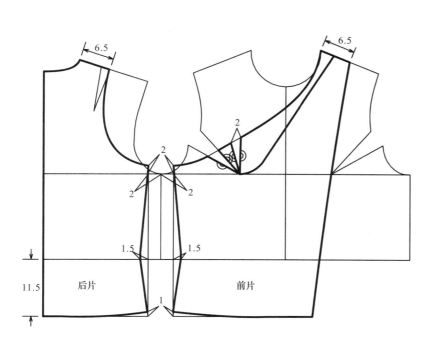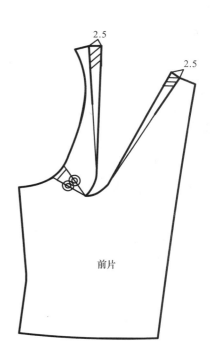

图3-31

（三）实物样衣展示（图3-32）

图3-32

第四章 平领结构的变化与应用

第一节 平领结构变化

平领的结构由领下口线、领宽和领外口线三部分组成，其结构变化主要也是这三部分的变化。

一、领下口线的变化

平领的领下口线与衣身相连接，领下口线的长度必须和衣身领口线的长度相匹配。平领的领下口线的形状由衣身领口线决定，一般领下口线形状与衣身领口线形状相似（图4-1、图4-2）。

图4-1

图4-2

二、领宽的变化

平领的领宽与领子和肩部重合面积有关。有的平领是平伏在肩上（图4-3），有的平领像小披风一样伸出肩外（图4-4）。

图4-3　　　　　　　　　　　　　图4-4

三、领外口线的变化

平领的领外口线的变化是最丰富的，可以创造出各种不同的领子造型。有荷叶型领外口线（图4-5）、褶裥型领外口线（图4-6）、折线型领外口线（图4-7）、圆型领外口线（图4-8）等多种变化。

图4-5　　　　　　　　　　　　　图4-6

图4-7　　　　　　　　　　　图4-8

第二节　设计案例分析

一、案例一

（一）款式分析

此领的款式为小圆领（图4-9），又称彼得潘领，是童装、女装中常用的领型。

（二）结构设计

因为此领的衣身领口较大，所以在原型的领口线基础上调整，前后颈侧点需要向外调整2cm，颈

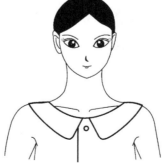

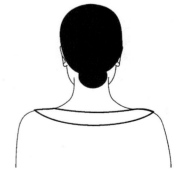

图4-9

前中心点向下调整1cm。调整后的前后衣身片颈侧点相对，衣身在肩线重合，交叠2cm。在调整后的衣身领口线上画出与款式相符的小圆领。详细结构制图如图4-10所示。

二、案例二

（一）款式分析

此领的款式（图4-11）为只有前领无后领的平领。领子的形状类似青果领（翻驳领），又称假青果领。

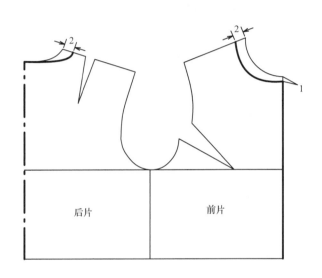

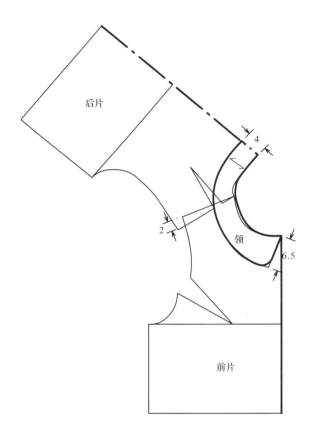

图4-10

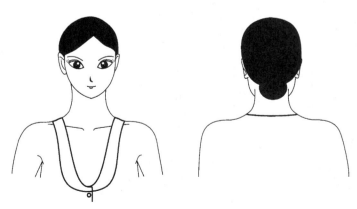

图4-11

（二）结构设计

在原型的领口线基础上调整，前后颈侧点需要向外调整1cm，颈前中心点向下调整15.5cm。颈前中心点向下调整量大于5cm，需要增加一个2cm领口省，最后把领口省转移到衣身的省道里。这样的处理是为缩短前胸领口线长度，使前领口线紧贴人体。在调整后的衣身前领口线上画出与款式相符的领型。详细结构制图如图4-12所示。

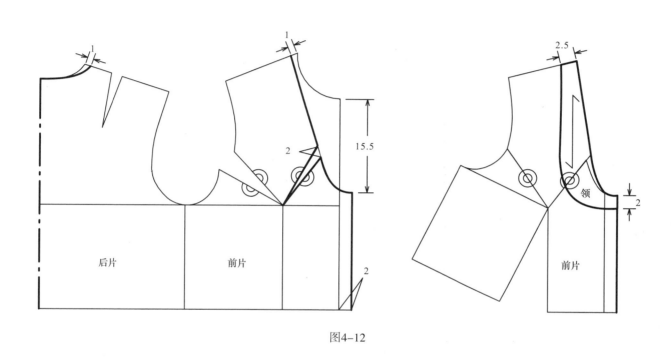

图4-12

三、案例三

（一）款式分析

此领的款式（图4-13）为褶裥领。这款褶裥领在平领的基础上变化得来。

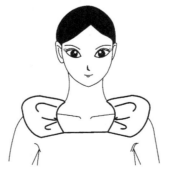
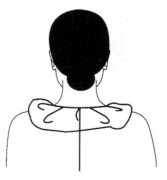

图4-13

（二）结构设计

在原型的领口线基础上调整，前后颈侧点需要向外调整4.5cm，颈前中心点向下调整3.5cm。由于颈侧点调整较大，为画顺后领口线，颈后中心点向下调整0.8cm。在调整后的衣身前领口线上画出与款式相符的平领。按照款式上的褶裥位置，在平领上规划剪切线。按照剪切线添加褶裥量内少外多（弧形）地展开领子，得到褶裥领。详细结构制图如图4-14所示。

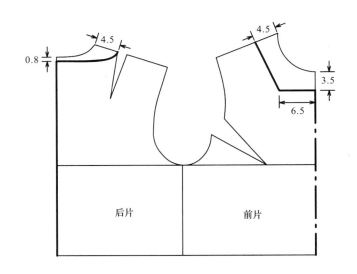

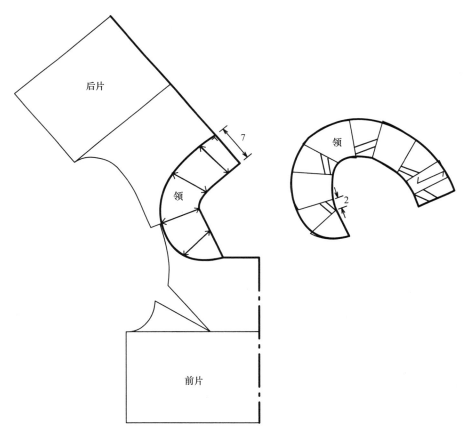

图4-14

四、案例四

（一）款式分析

此领的款式为荷叶领（图4-15）。荷叶领由平领的剪切展开形成。根据具体的款式，可以任意展开，形成丰富的造型。

（二）结构设计

原型的前后衣片颈侧点相对，衣身在肩线重合。衣身领口线上画出与款式相符的平领。按照款式上的荷叶波浪位置，在平领上规划剪切线。按照剪切线外口（弧形）展开适当的量，得到荷叶领。详细结构制图如图4-16所示。

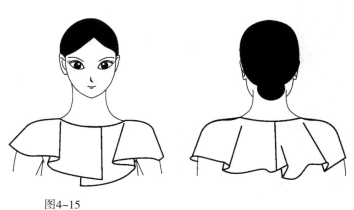

图4-15

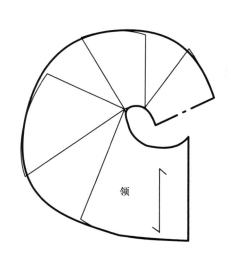

图4-16

五、案例五

（一）款式分析

此领的款式为褶皱领（图4-17）。褶皱领由平领的剪切展开形成。

（二）结构设计

在原型的领口线基础上调整，前后颈侧点需要向外调整2cm，颈前中心点向下调整4.5cm。在新的衣身领口线上画出与款式相符的平领。按照款式上褶皱的位置，在平领上规划剪切线。按照剪切线平行展开适当的量，得到褶皱领。详细结构制图如图4-18所示。

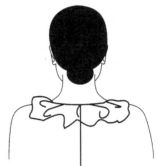

图4-17

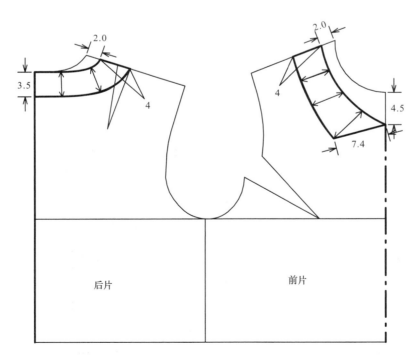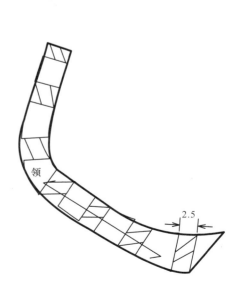

图4-18

六、案例六

（一）款式分析

此领的款式为小披肩领（图4-19）。领子是一个很大的平领，超出肩端点，形成一个小披肩。

（二）结构设计

在原型的领口线基础上调整，前后颈侧点需要向外调整2cm，前后肩端点向下1cm，确定新的肩端点。这样做是减少领外口线长度，形成一个小领座，隐藏缝迹线。新的肩端点向下画45°的斜线，为领的侧缝线。这里的45°可以根据手臂活动范围适当调整。在此基础上画出与款式相符的领型。详细结构制图如图4-20所示。

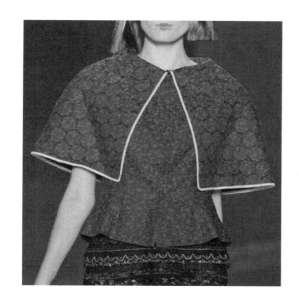

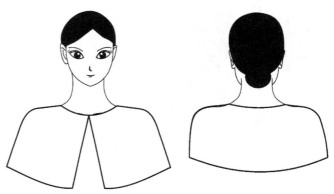

图4-19

图4-20

七、案例七

（一）款式分析

此领的款式为大披肩领（图4-21）。领子与衣身连接，形成一个类似青果领（翻驳领）的领型，区别为此领的领座比青果领的领座小很多。

（二）结构设计

在原型的领口线基础上调整，前后颈侧点需要向外调整2cm。颈前中心点向下调整至腰围线下8cm。前后衣片颈侧点相对，衣身在肩线重合，肩线交叠2.5cm。在调整后的衣身前后领口线上画出与款式相符的领型。详细结构制图如图4-22所示。

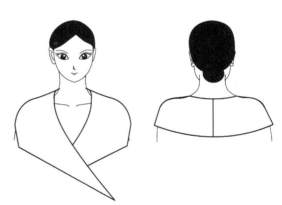

图4-21

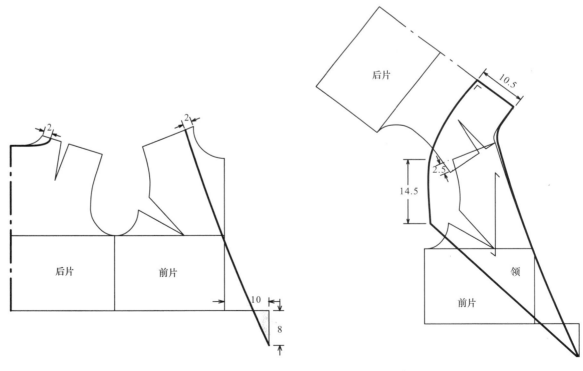

图4-22

八、案例八

（一）款式分析

此领的款式（图4-23）有古典的意味。领子从后到前形成一片大的披肩，像唐朝的披帛。

图4-23

（二）结构设计

在原型的领口线基础上调整，前后颈侧点需要向外调整5.5cm。颈前中心点向下调整至腰围线向左3cm。前后衣片颈侧点相对，衣身在肩线重合，肩线交叠2.5cm。在调整后的衣身前后领口线上画出与款式相符的领型。详细结构制图如图4-24所示。

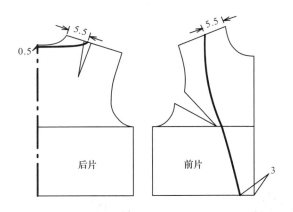

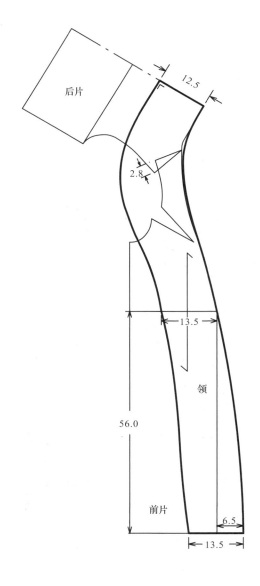

图4-24

九、案例九

（一）款式分析

此领的款式为褶裥变化平领（图4-25）。领子前中形成褶裥堆积，配上蝴蝶结，形式上产生变化美。

（二）结构设计

在原型的领口线基础上调整，前后颈侧点需要向外调整5.5cm。颈前中心点向下调整9cm，颈后中心点向下调整0.5cm。前后衣片颈侧点相对，衣身在肩线重合，肩线交叠2cm。在调整后的衣身前后领口线上画出与款式相符的领型。领子在颈侧点处规划剪切线，前中处展开9.5cm，形成需要的领型。详细结构制图如图4-26所示。

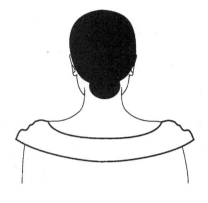

图4-25

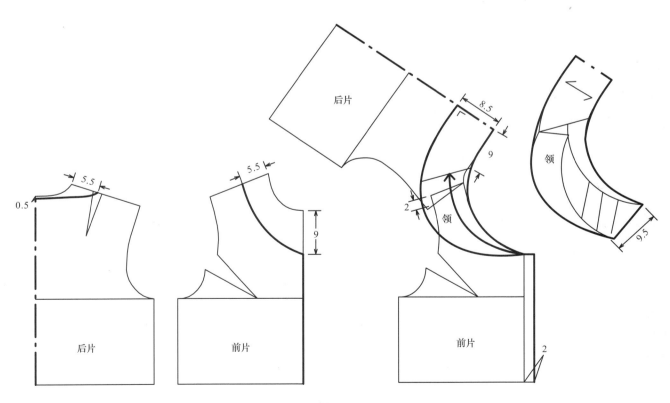

图4-26

（三）实物样衣展示（图4-27）

图4-27

第五章　立领结构的变化与应用

第一节　立领结构变化

立领的结构由领下口线、领高和领外口线三部分组成，其结构变化主要也是这三部分的变化。

一、领下口线的变化

立领的领下口线是与衣身相连接，领下口线长度必须和衣身领口线长度相匹配。立领的领下口线的形状有几种变化，可以与衣身领口线形状相同，可以是直线，还可以是向上或向下弯曲的弧线。立领的领下口线的形状是由衣身领口线、领外口线的形状、领子造型共同决定的。图5-1所示为立领与衣身相连接，无领下口线，图5-2所示为一字领口线，因此立领的领下口线跟随衣身领口线变化。

图5-1

图5-2

二、领高的变化

立领的领高变化与领子的贴颈程度相关。贴合颈程度很高的内倾式立领，它的领高受颈部高度的限制，最高的领高不能高于颈部高度（图5-3）；不贴合颈或衣身领口很大的领子，它的高度不受限制，可以任意发挥（图5-4）。

图5-3 图5-4

三、领外口线的变化

立领的领外口线的变化最丰富，可以创造出各种不同的领子造型。除传统的抱颈型领外口线（图5-5）外，还可以有曲折线型领外口线（图5-6）、波浪型领外口线（图5-7）、层叠型领外口线（图5-8）等多种变化。

图5-5 图5-6

图5-7

图5-8

第二节　设计案例分析

一、案例一

（一）款式分析

此领的款式为低立领（图5-9），领座很低，配合衬衫衣身结构，宽松舒适。

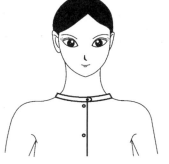
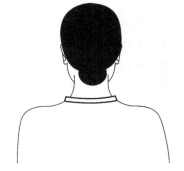

图5-9

（二）结构设计

衣身领口贴合颈根，因此直接用原型的衣身领

口线。采用直接制图法画立领结构。此款小立领较为宽松，不十分贴颈，起翘量较小，为1.5cm。详细结构制图如图5-10所示。

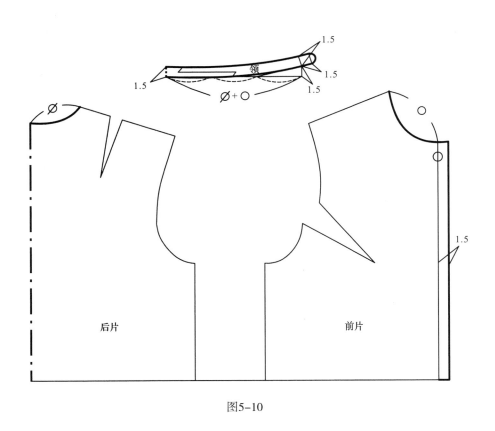

图5-10

二、案例二

（一）款式分析

此领的款式为中立领（图5-11），多用于外衣、旗袍等服装上。领子根据款式不同，可以较贴颈，也可以较宽松。

（二）结构设计

在原型的领口线基础上调整，前后颈侧点需要向外调整0.5cm。采用直接制图法画立领结构。此款中立领较为合体，起翘量可选择2cm。详细结构制图如图5-12所示。

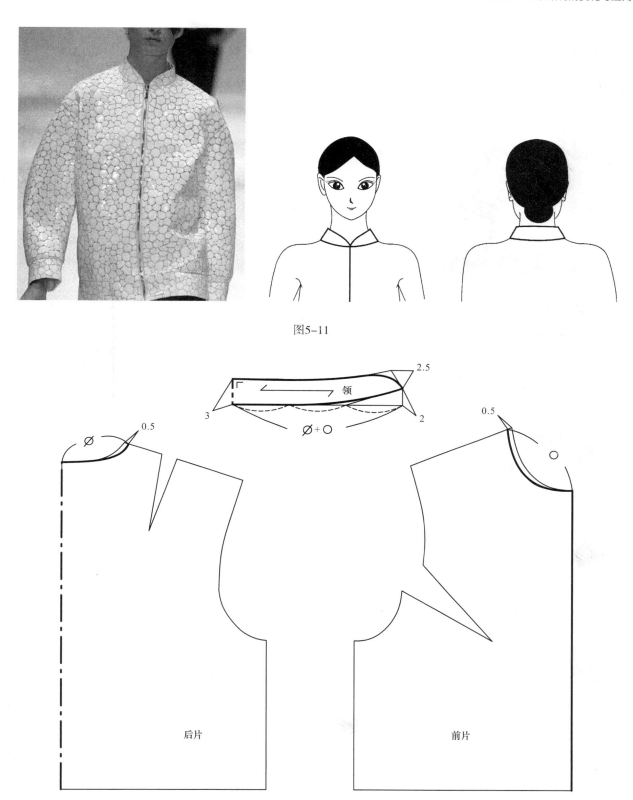

图5-11

图5-12

三、案例三

（一）款式分析

此领的款式为罗纹领口立领（图5-13）。立领采用罗纹材质，有很大弹性，因此立领一般用直条形状。

（二）结构设计

（1）在原型的领口线基础上调整，前后颈侧点需要向外调整0.7cm。

（2）画一条水平线和一条6.5cm的垂直线。6.5cm为立领的领高。

（3）领高底点向水平线引斜线，斜线长度为前后领口弧线之和减去1cm。1cm为调整值。罗纹弹性越大，减去的数值越大。

（4）画顺领下口弧线。详细结构制图如图5-14所示。

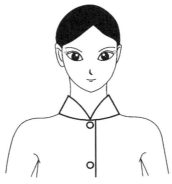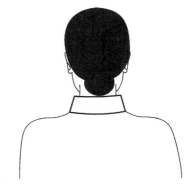

图5-13

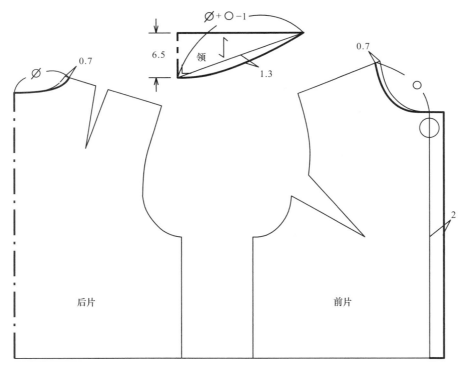

图5-14

四、案例四

（一）款式分析

此领的款式为皱褶立领（图5-15），领子分两层，外层为皱褶；内层为普通的高立领。

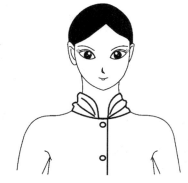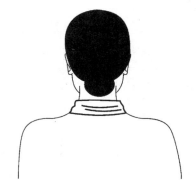

图5-15

（二）结构设计

在原型的领口线基础上调整，前后颈侧点需要向外调整1cm。采用直接制图法画立领结构。此款立领的领高为5.5cm，是较为合体的高立领。由于领高较高，起翘量可选择1.5cm。内层立领完成后，沿皱褶方向规划剪切线，平行展开，得到外层立领。详细结构制图如图5-16所示。

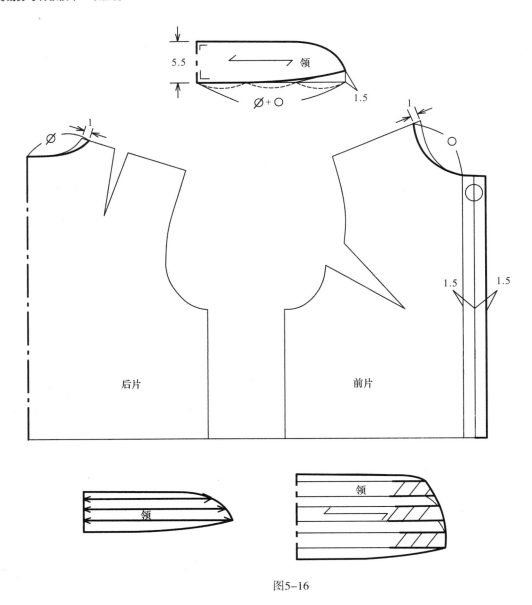

图5-16

五、案例五

（一）款式分析

此领的款式为左右不对称的高立领（图5-17）。左领包含整个前领口的长度，右领长度不到前中，一部分与左领交叠。

（二）结构设计

在原型的领口线基础上调整，前后颈侧点需要

向外调整0.5cm，颈前中心点向下调整0.5cm。采用直接制图法画立领结构。此款立领的领高为5.5cm，是较为合体的高立领。由于领高较高，起翘量可选择1.7cm。立领的左右不对称，在基础的立领上左片增加一个前领的长度，右片减少5.5cn长度的领子，剩下部分作为搭门宽。详细结构制图如图5-18所示。

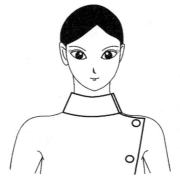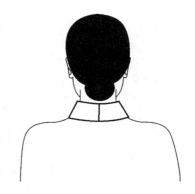

图5-17

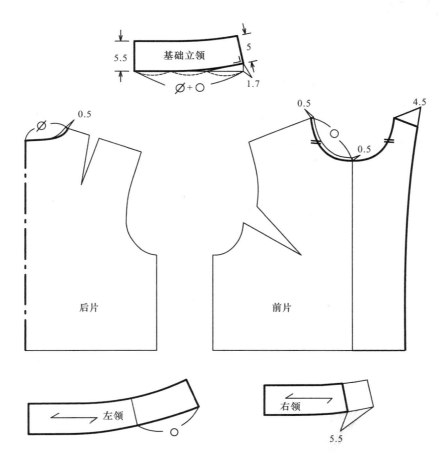

图5-18

六、案例六

（一）款式分析

此领的款式为宽松的高立领（图5-19）。衣身

领口线较大，立领很高，形成一个倒立的高圆台。

（二）结构设计

在原型的领口线基础上调整，前后肩端点向内5cm为新的颈侧点，颈前中心点向下调整6cm。采用剪切法画立领结构。立领领高11cm，领上围设计为32cm。拉链的位置设计在距前中线5cm的地方，左领子多5cm长度领子，右领子少5cm长度领子。详细结构制图如图5-20所示。

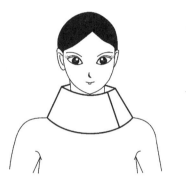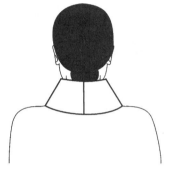

图5-19

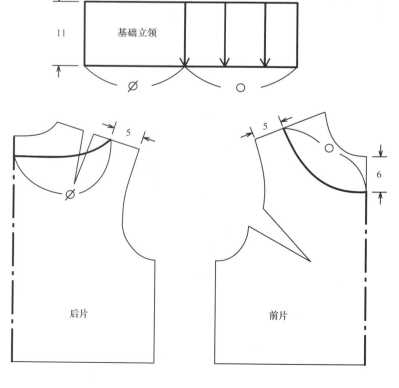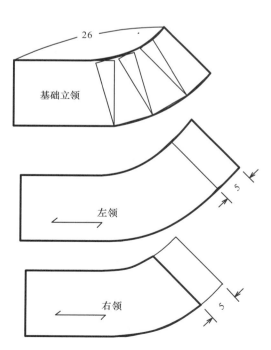

图5-20

七、案例七

（一）款式分析

此领的款式为直条式立领（图5-21）。衣身领口开口较大，白色立领在黑色衣身上形成装饰图案。

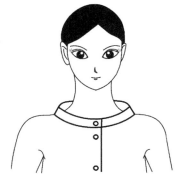
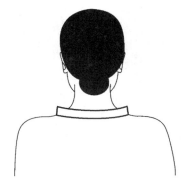

图5-21

（二）结构设计

在原型的领口线基础上调整，前后颈侧点需要向外调整4.5cm，颈前中心点向下调整3.5cm。由于颈侧点调整较大，为画顺后领口线，颈后中心点向下调整0.8cm。

采用直接制图法画立领结构。由于是直条式立领，领子不贴颈，前端不需要起翘。详细结构制图如图5-22所示。

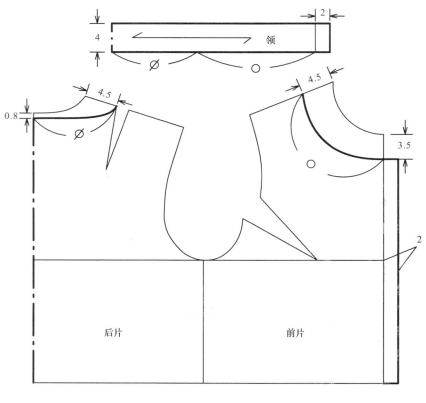

图5-22

八、案例八

（一）款式分析

此领的款式为堆褶立领（图5-23）。领子与衣身的面料有较大的弹性，才能使得贴合颈根围的小领口能套头穿着。

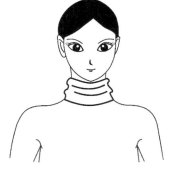

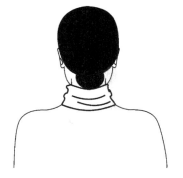

图5-23

（二）结构设计

衣身领口贴合颈根，因此直接用原型的衣身领口线。采用直接制图法画立领结构。由于是直条式立领，领子不贴颈，前端不需要起翘。领子在颈部形成大量堆褶，因此领高较高为18cm，才能堆积在颈部周围。详细结构制图如图5-24所示。

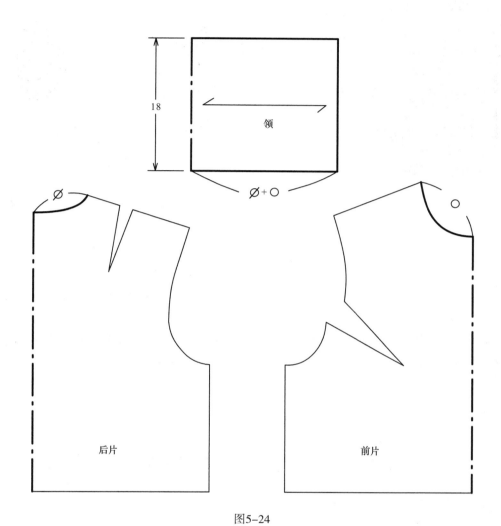

图5-24

九、案例九

（一）款式分析

此领的款式为大领口的直条式立领（图5-25）。由于衣身领口大，面料有一定柔软度，领子能形成自然的弯折。

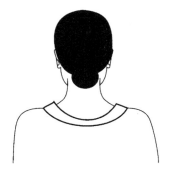

图5-25

（二）结构设计

在原型的领口线基础上调整，前后肩端点向内2.5cm为新的颈侧点，颈前中心点向下调整3.5cm。由于颈侧点调整较大，为画顺后领口线，颈后中心点向下调整0.8cm。

采用直接制图法画立领结构。由于是直条式立领，领子不贴颈，前端不需要起翘。立领为两层，需要对折翻下来，因此领高较高为10cm。详细结构制图如图5-26所示。

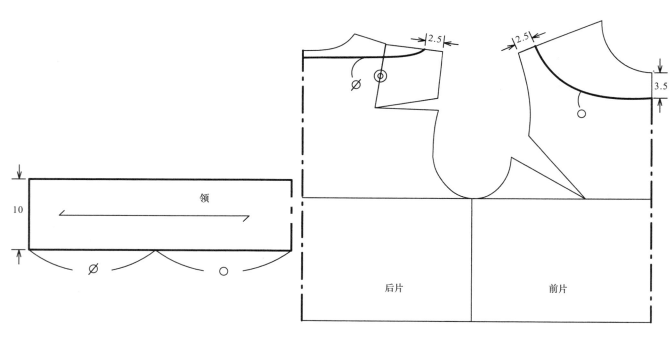

图5-26

十、案例十

（一）款式分析

此领的款式看是小翻领，其实是不能满足完全翻折下来的立领（图5-27）。因此，翻折下来后，两领尖点在前中分开距离很大，不平服。

（二）结构设计

在原型的领口线基础上调整，前后颈侧点需要向外调整1cm，颈前中心点向下调整1.5cm。采用直接制图法画立领结构。由于是直条式立领，领子不贴颈，前端不需要起翘。立领在前端需要翻折下来，因此领高较高为10cm。领子前端多出2.5cm是衣身的搭门宽度。详细结构制图如图5-28所示。

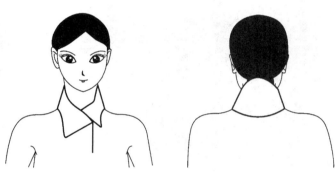

图5-27

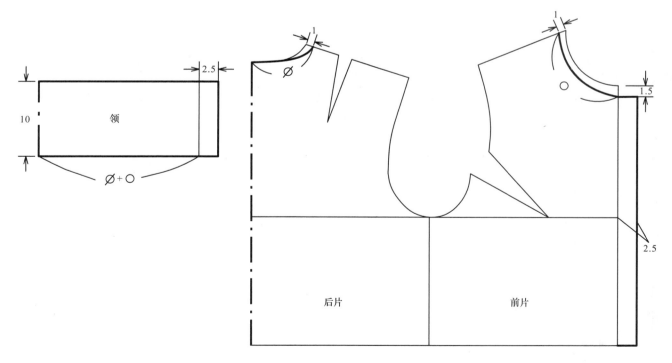

图5-28

十一、案例十一

（一）款式分析

此领的款式为侧开口的直条式立领（图5-29），多用于针织衫、毛衣、卫衣等服装上。

（二）结构设计

在原型的领口线基础上调整，前后颈侧点需要向外调整2cm。采用直接制图法画立领结构。由于是直条式立领，领子不贴颈，前端不需要起翘。立领在领侧处多出2cm是领子的搭门宽度。详细结构制图如图5-30所示。

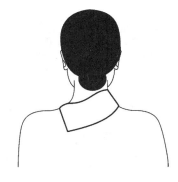

图5-29

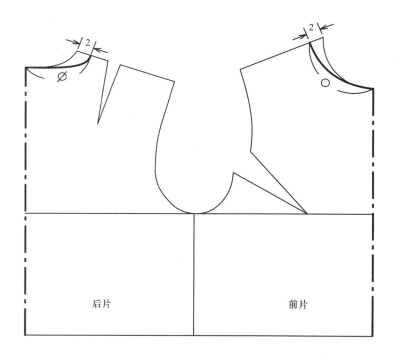
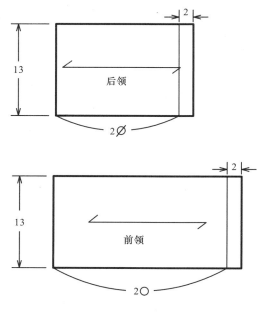

图5-30

十二、案例十二

（一）款式分析

此领的款式为汉服领（图5-31），类似和服领。领子为直条式立领，前中交叠，古香古色。

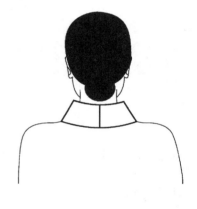

图5-31

（二）结构设计

（1）在原型的领口线基础上调整，前后颈侧点需要向外调整2.5m。

（2）腰围线向上10.5cm，为领子底端线。

（3）过前片新的颈侧点画一条斜线为衣身领口线，与领子底端线相交。向上延长此斜线，长度为后衣身领口线的长度。画出后领高6cm。

（4）领子底端线上确定领子底端宽7cm，直线连接后领高，形成直条式立领。详细结构制图如图5-32所示。

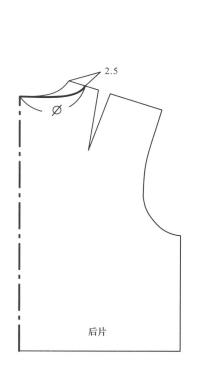

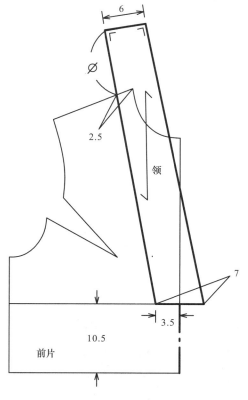

图5-32

十三、案例十三

（一）款式分析

此领的款式为变形立领（图5-33）。领子与衣身前片连接，形成类似翻驳领造型，后领处为贴颈立领。领高4.5cm。

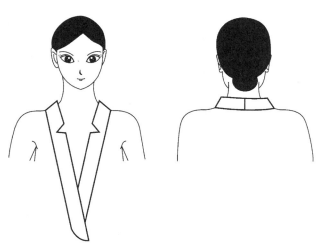

图5-33

（二）结构设计

（1）原型前后片颈侧点向外2.5cm为新的颈侧点。腰围线下15cm画出款式的衣身领口线。

（2）颈侧点向内25°，画4.5cm确定颈侧领高点。在衣身上画出前片领子与后片领子形状。

（3）前片肩线延长线与领外口线交点向内4.5cm领高，确定前片领子颈侧点。以此点为圆心，后领口线长∅为半径画圆；以前片领外口斜线端点为圆心，后领外口弧线长○为半径画圆。找到两圆的公切线。

（4）连接颈侧点与大圆的切点。切线上确定领高4.5cm的线段长度。用弧线连接领高端点与领外口斜线端点，画顺立领的领外口线。弧线画顺领下口线。详细结构制图如图5-34所示。

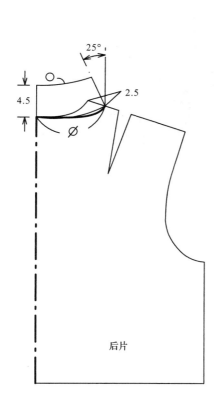

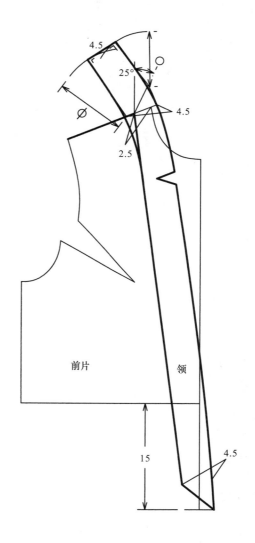

图5-34

（三）实物样衣展示（图5-35）

图5-35

第六章　翻领结构的变化与应用

第一节　翻领结构变化

　　翻领的结构由领下口线、翻折线、翻领高、底领高和领外口线五部分组成，其结构变化主要也是这五部分的变化。

一、领下口线的变化

　　翻领的领下口线与衣身相连接，领下口线的长度必须和衣身领口线的长度相匹配。翻领的领下口线一般为S型（图6-1），也有弯弧线，也有与衣身领口线相似形状（图6-2）。领下口线的形状会影响领子的翻折线与底领的形态。

图6-1　　　　　　　　　　　　　　　　图6-2

二、翻领高与底领高的变化

　　翻领的一部分与颈部贴合，一部分与肩部相接。不同的后中底领高、翻领高导致领子形态各异，产生丰富的变化。有的是大翻领（图6-3），有的是小翻领（图6-4），有的是低底领的翻领（图6-5），有的是高底领的翻领（图6-6）。

图6-3   图6-4

图6-5   图6-6

三、翻折线的变化

翻领的翻折线形态也能产生丰富的变化。翻折

线有的是直线（图6-7），有的是弧线（图6-8），也有的是部分直线、部分弧线（图6-9）。

图6-7　　　　　　　　　　图6-8　　　　　　　　　　图6-9

四、领外口线的变化

领外口线的变化是最丰富的，有长度变化，也有形状变化。例如，圆领外口线（图6-10）、方领外口线、尖领外口线（图6-11）、花样领外口线（图6-12）等。

图6-10　　　　　　　　　　　　图6-11

图6-12

第二节 设计案例分析

一、案例一

（一）款式分析

此领的款式为一片翻领（图6-13）。领子的总领高为8.5cm，后中底领高3cm，后中翻领高5.5cm。

这样的领型常用于女式衬衫、外套、大衣等服装上。

（二）结构设计

在原型的领口线基础上调整，前后颈侧点需要向外调整1cm，颈前中心点向下调整1.5cm。采用一片翻领的衣身结合制图法画翻领结构。详细结构制图如图6-14所示。

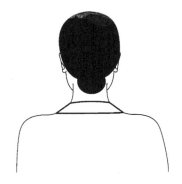

图6-13

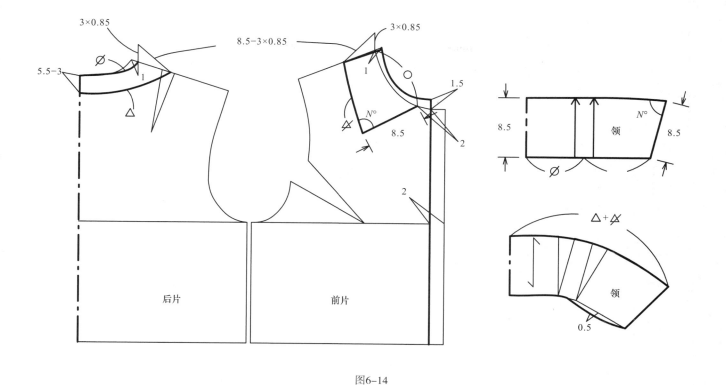

图6-14

二、案例二

（一）款式分析

此领的款式为大圆翻领（图6-15）。领子的

总领高为13.5cm，后中底领高3.5cm，后中翻领高10cm。底领与翻领的差值较大，这样的一片翻领一般采用衣身结合制图法制图。

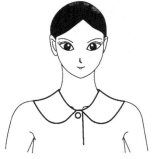
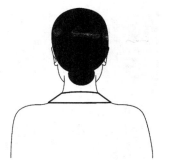

图6-15

（二）结构设计

在原型的领口线基础上调整，前后颈侧点需要向外调整1cm，颈前中心点向下调整1.5cm。采用一片翻领的衣身结合制图法画此翻领结构。详细结构制图如图6-16所示。

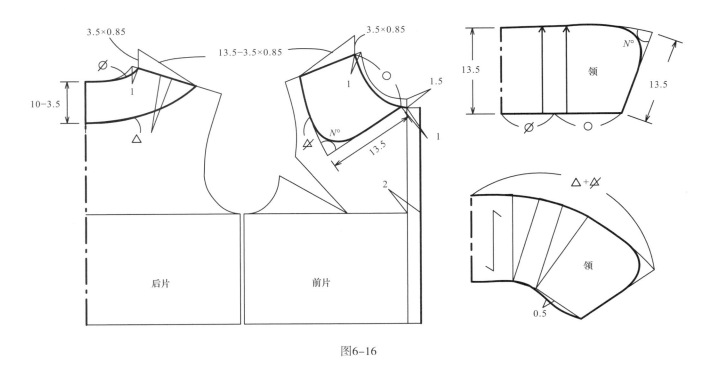

图6-16

三、案例三

（一）款式分析

此领的款式为衣身领口较大的一片翻领（图6-17）。领子的总领高为10cm，后中底领高4cm，后中翻领高6cm。

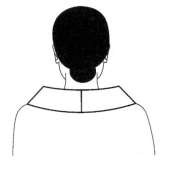

图6-17

（二）结构设计

在原型的领口线基础上调整，前后颈侧点需要向外调整5.5cm，颈后中心点向下调整1.5cm。前中领口开至胸围线，胸围线向上13cm画1.5cm宽的开口。采用翻驳领的双切圆法画此一片翻领结构。详细结构制图如图6-18所示。

后衣身领口线上画出领子造型的方法与翻驳领的双切圆法画一致，区别在于前衣身领的制图方法：

（1）新的颈侧点，延长肩线4cm×0.85，为颈侧点的底领高。用弧线连接此点与翻驳点，形成弧形翻折线。

（2）颈侧点的底领顶点，折下10cm-4cm×0.85，落在肩线上，为颈侧点翻领高。根据确定的翻领位置，在衣身上画出需要的翻领的形状。

（3）衣身领口线沿翻折线镜像。以镜像的衣身颈侧点为圆心，后片衣身领口线长度∅为半径，画一个圆。翻领端点为圆心，后片设计翻领的领外口线长度△为半径，画一个圆。画出这两个圆的公切线。

（4）连接衣身颈侧点与小圆的切点。切线上确定总领高10cm的线段长度。

（5）用弧线连接领高端点与翻领端点，画顺翻领的领外口线。

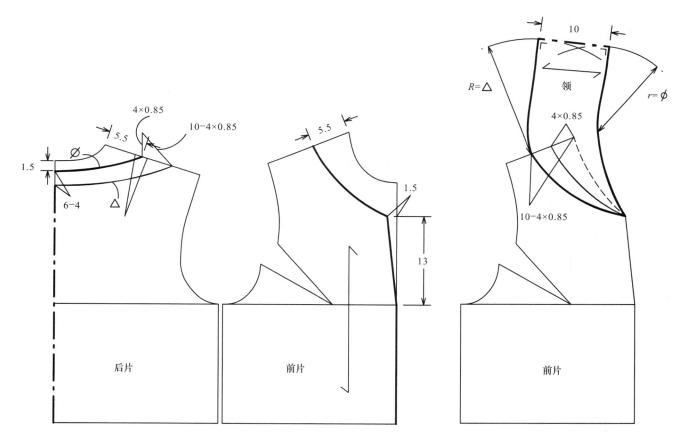

图6-18

四、案例四

（一）款式分析

此领的款式为典型的翻立领（图6-19）。这种领型多用于衬衫、风衣等服装上。领子的后中底领高3cm，后中翻领高4cm。

（二）结构设计

衣身的领口线较为合体，沿用原型的衣身领口线。采用翻立领的结构制图方法（参见第二章）画此结构。详细结构制图如图6-20所示。

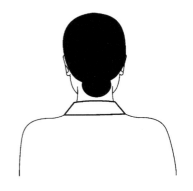

图6-19

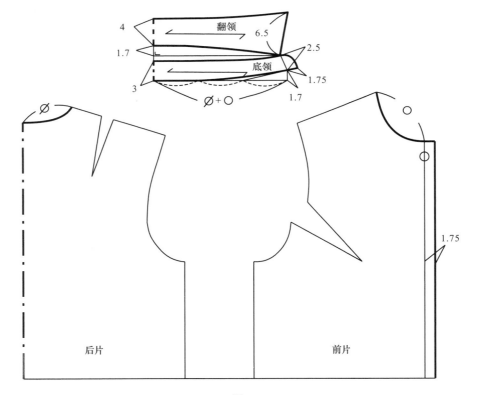

图6-20

五、案例五

（一）款式分析

此领的款式为小圆领外口线的翻立领（图6-21）。领子的后中底领高3cm，后中翻领高2cm。

翻领未盖住底领，与传统的翻立领有差异。

（二）结构设计

衣身的领口线较为合体，沿用原型的衣身领口线。采用翻立领的结构制图方法画此结构。详细结构制图如图6-22所示。

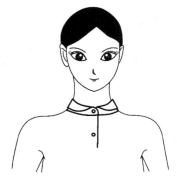 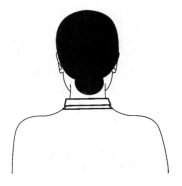

图6-21

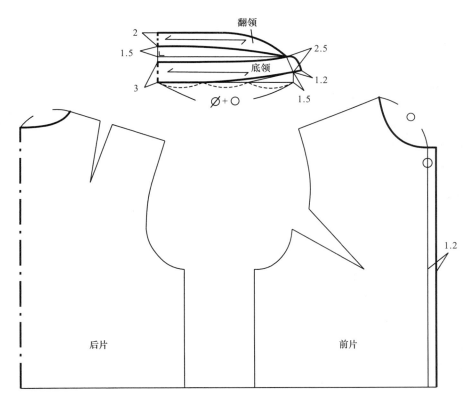

图6-22

六、案例六

（一）款式分析

此领的款式为风衣的翻立领（图6-23）。领子的后中底领高3cm，后中翻领高4.5cm。前衣身片的门襟翻折过来，可以与翻领形成类似翻驳领的领型。

（二）结构设计

在原型的领口线基础上调整，颈前中心点向下调整1.5cm。采用翻立领的结构制图方法画此结构。详细结构制图如图6-24所示。

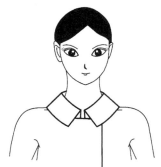
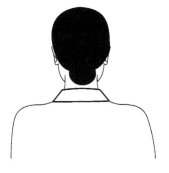

图6-23

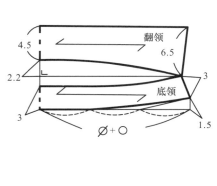

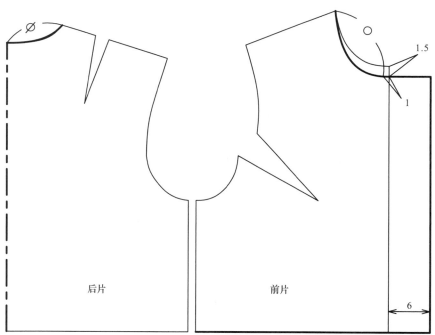

图6-24

七、案例七

（一）款式分析

此领的款式为八字领角的翻驳领（图6-25）。

此领型为典型的西服外套领，多用于外套、大衣等服装上。领子的后中底领高3cm，后中翻领高4 cm。

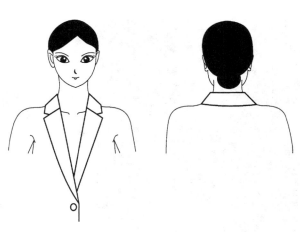

图6-25

（二）结构设计

衣身的领口线沿用原型的衣身领口线。采用翻

驳领的双切圆法画此翻驳领结构。也可以采用第二章介绍的公式法和剪切法制图。详细结构制图如图6-26所示。

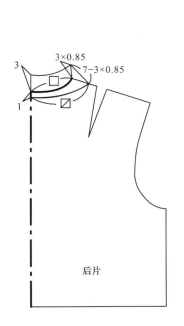
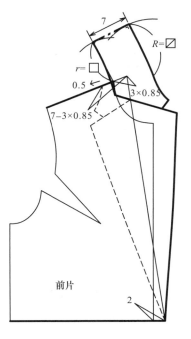
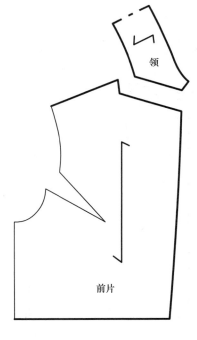

图6-26

八、案例八

（一）款式分析

此领的款式为戗驳领（图6-27）。前片的驳领比传统西服戗驳领大很多，款式较为时尚。领子的后中底领高2.5cm，后中翻领高3.5cm。

（二）结构设计

衣身的领口线沿用原型的衣身领口线。采用翻驳领的双切圆法画此翻驳领结构。详细结构制图如图6-28所示。

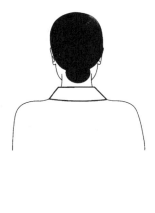

图6-27

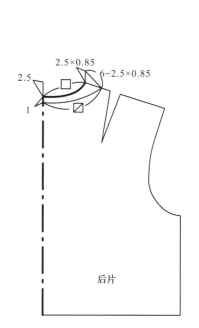
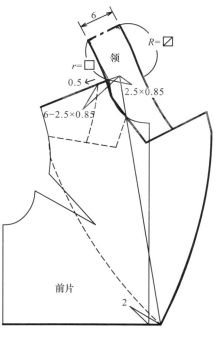
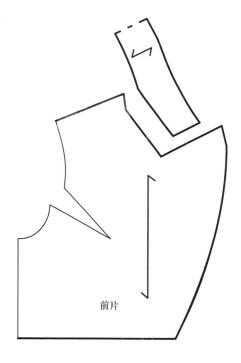

图6-28

九、案例九

（一）款式分析

此领的款式为青果领（图6-29），领子的挂面翻领与驳领为一个整体。领子的后中底领高2.5cm，后中翻领高3.5cm。

（二）结构设计

衣身的领口线沿用原型的衣身领口线。采用翻驳领的双切圆法画此翻驳领结构。衣身与翻领分开，与其他翻驳领相同；挂面与翻领连接为一个整体。在挂面的颈侧点处破开一个矩形，是为补出翻领与衣身的交叠量。详细结构制图如图6-30所示。

图6-29

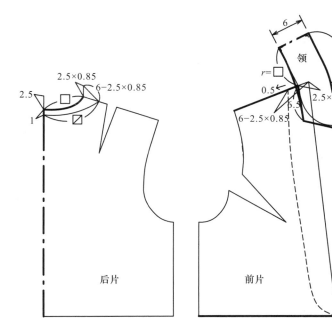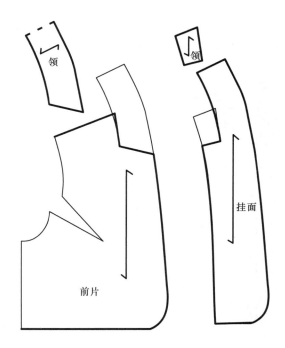

图6-30

十、案例十

（一）款式分析

此领的款式为翻驳领，其串口线很低（图 6-31），接近胸宽线，领角为戗驳领造型。领的后中底领高3cm，后中翻领高4cm。

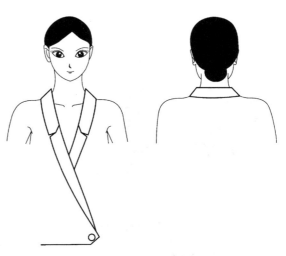

图6-31

（二）结构设计

衣身的领口线沿用原型的衣身领口线。采用翻驳领的双切圆法画此翻驳领结构。详细结构制图如图6-32所示。

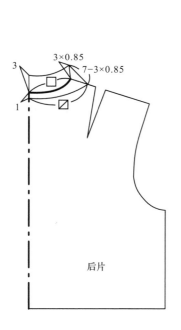

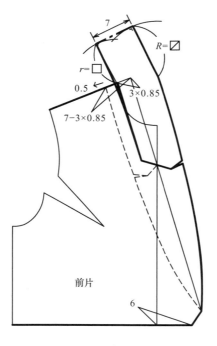

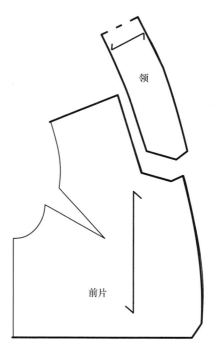

图6-32

十一、案例十一

（一）款式分析

此领的款式为变形的青果领（图6-33），驳领与翻领连成一个整体，翻领与衣身分开。领子的后中底领高2.5cm，后中翻领高3.5cm。

（二）结构设计

衣身的后领口线沿用原型的衣身领口线。采用翻驳领的双切圆法画此翻驳领结构。衣领前中点调整至翻驳点，形成新的前领口线。领无串口线。详细结构制图如图6-34所示。

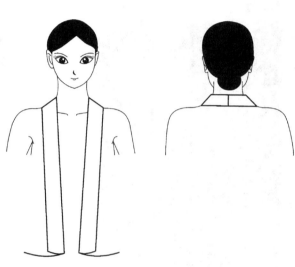

图6-33

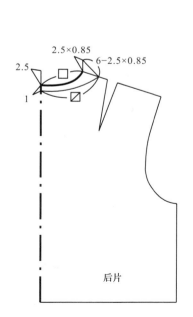 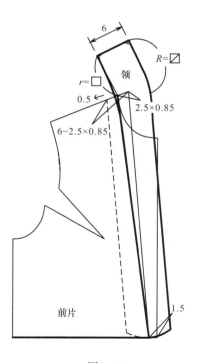 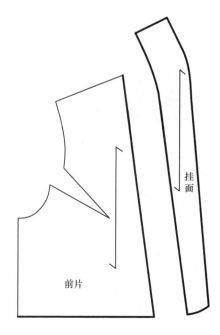

图6-34

十二、案例十二

（一）款式分析

此款领子如围巾般搭在颈上（图6-35），是图6-33领款式的变形。领的后中底领高2.5cm，后中翻领高3.5cm。

（二）结构设计

衣身的领口线沿用原型的衣身领口线。采用翻驳领的双切圆法画此翻驳领结构。衣身的领口线直接连至翻驳点，领无串口线。沿肩线处按照款式规划剪切线，扇形展开，得到需要的领型。详细结构制图如图6-36所示。

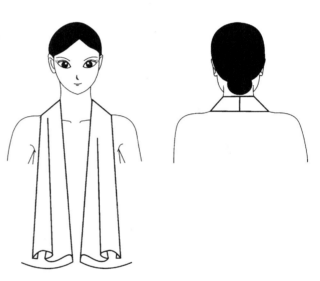

图6-35

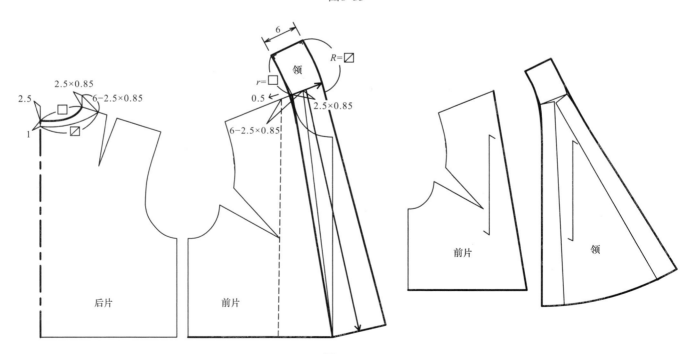

图6-36

十三、案例十三

（一）款式分析

此领的款式为普通的一片翻领，与衣身连接后可以如同翻驳领一样敞开，又称关门领（图6-37）。领子制图形式与翻驳领相同。领子的后中底领高2.5cm，后中翻领高3.5cm。

（二）结构设计

衣身的领口线沿用原型的衣身领口线。采用翻驳领的双切圆法画此翻驳领结构。详细结构制图如图6-38所示。

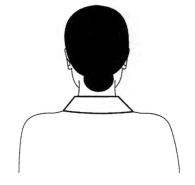

图6-37

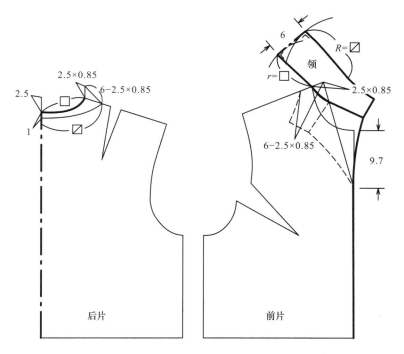

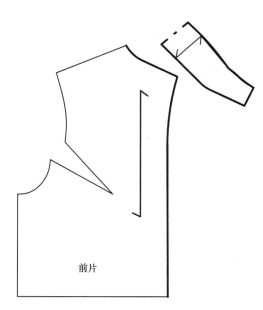

图6-38

十四、案例十四

（一）款式分析

此款领子的翻折线为弧线（图6-39），翻领与衣身分开，无串口线。领子的后中底领高2cm，后中翻领高3.5cm。

（二）结构设计

衣身的领口线沿用原型的衣身领口线。采用翻驳领的双切圆法画此翻领结构。此领的结构设计方法与图6-18的领的结构设计方法相同。详细结构制图如图6-40所示。

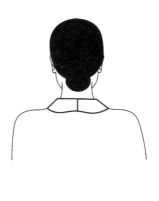

图6-39

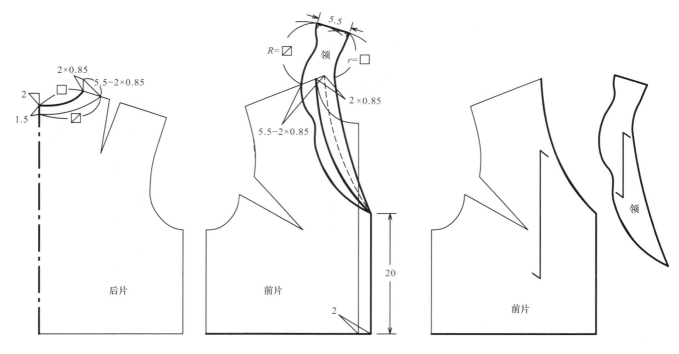

图6-40

十五、案例十五

（一）款式分析

此领的款式为大开领的翻驳领（图6-41）。衣身领口线开得极大，形成大V型。翻驳领的翻折线一部分为弧线，另一部分为直线。领子的后中底领高2.5cm，后中翻领高3.5cm。

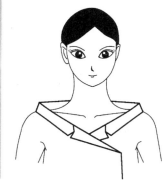
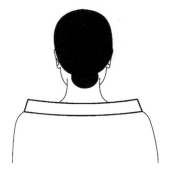

图6-41

（二）结构设计

在原型的领口线基础上调整，前后片肩端点向内3cm为新的颈侧点，颈后中心点向下调整1cm。前中领口开至胸围线上5.5cm。采用翻驳领的双切圆法画此一片翻领结构。详细结构制图如图6-42所示。

后衣身领口线上画出领子造型的方法与翻驳领的双切圆法画一致，区别在于前衣身领的制图方法：

（1）新的颈侧点，延长肩线2.5cm×0.85，为颈侧点的底领高。用直线连接此点与翻驳点，形成翻折线。

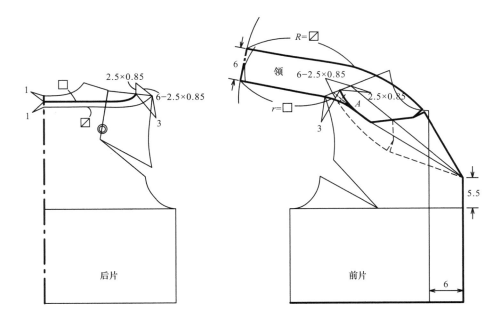

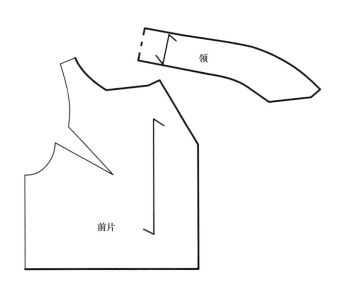

图6-42

（2）颈侧点的底领顶点，折下6cm-2.5cm×
0.85，落在肩线上，为颈侧点翻领高。根据确定的
翻领位置，在衣身上画出需要的翻驳领的形状。

（3）沿着翻折线，把设计的翻驳领镜像。

（4）衣身领口线的直线部分与弧线部分的交界
点为A，过A点画弧线领口线的切线。沿切线镜像衣
身领口线的弧线部分。

（5）以新颈侧点为圆心，衣身后领口线长度□

为半径，画一个圆；以镜像的翻领端点为圆心，后
片设计翻领的领外口线长度□为半径，画一个圆。
画出这两个圆的公切线。

（6）连接颈侧点与小圆的切点。切线上确定
总领高6cm的线段长度。

（7）用弧线连接领高端点与镜像的翻领端
点，画顺翻驳领外口线。

（三）实物样衣展示（图6-43）

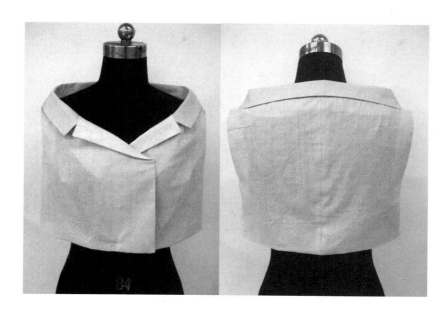

图6-43

第七章　其他领型结构与领型的组合变化

第一节　连身立领结构与变化

连身立领是领子与衣身形成一个整体，能形成围绕颈部的领子造型。这样的领型一般采用增加横开领宽度（衣身领口增大）的方式满足结构要求，或者采用领口省道分割缝增加立领的领上口线长度。

一、案例一

（一）款式分析

此领的款式为大开领的连身立领（图7-1）。立领的领高为9cm，领子前端与衣身连为一个整体。

（二）结构设计

（1）因为款式的衣身领口较大，所以在原型的领口线基础上调整，前后颈侧点需要向外调整6cm为新的颈侧点，颈后中心点向下调整3cm，颈前中心点向下调整至胸围线。

（2）前后新的颈侧点处画9cm长与垂直方向形成13°的直线，为颈侧领高。用小段弧线画顺颈侧领高与肩端点的连线。

（3）弧线连接颈侧领高与颈前中心点；弧线连接颈侧领高与后中领高顶点。

（4）颈前中心点向下调整量大于5cm，需要增加一个2cm领口省，最后把领口省转移到衣身的省

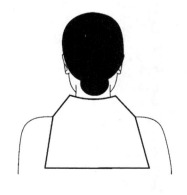

图7-1

道里。这样的处理是为缩短前胸领口线长度，使前
领口线紧贴人体。详细结构制图如图7-2所示。

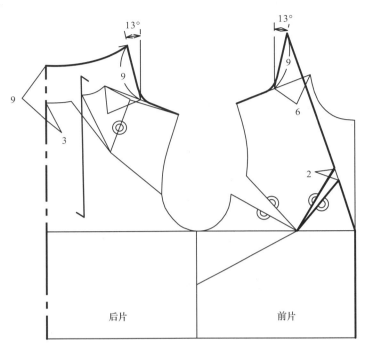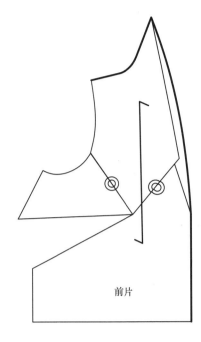

图7-2

二、案例二

（一）款式分析

此领的款式为领口有分割缝的连身立领（图
7-3）。立领的后领高4cm，前领高3.5cm。

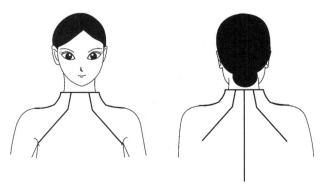

图7-3

（二）结构设计

（1）在原型的领口线基础上调整，前后颈侧点需要向外调整1.5cm为新的颈侧点，颈前中心点与颈后中心点都向下调整1.5cm。

（2）前后新的颈侧点处画3.5cm长与垂直方向形成35°的直线，为颈侧领高。用小段弧线画顺颈侧领高与肩端点的连线。

（3）弧线连接颈侧领高与前后中的领高顶点。

（4）后片过肩胛骨省尖点向后领外口线上画剪切线；前片过胸点向前领外口线上画剪切线。合并肩胛骨省和胸省，领外口线上的省道张开。

（5）后领外口线的省道处，每边增加0.5cm的领外口线长度；前领外口线的省道处，一边增加1cm，一边增加0.8cm的领外口线长度。详细结构制图如图7-4所示。

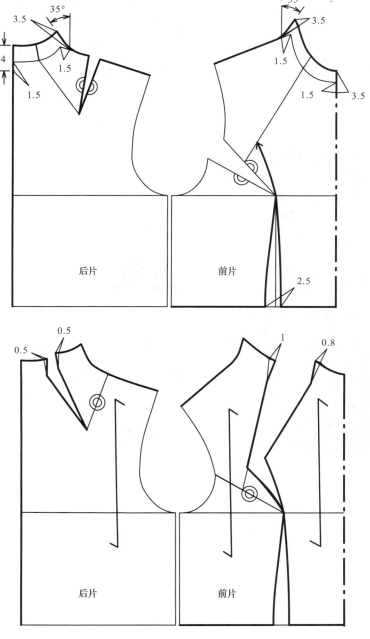

图7-4

第二节　驳领结构与变化

驳领是衣身上连接的部分，只与前胸与肩部相关。这样的领型是翻驳领的简化，去掉翻领。驳领的变化也就是衣身的前门襟的变化，造型很多。

一、案例一

（一）款式分析

此领的款式为双排扣的小驳领（图7-5）。

（二）结构设计

（1）在原型的领口线基础上调整，前后颈侧点需要向外调整2.5cm为新的颈侧点，颈前中心点向下调整至腰围线上20cm。

（2）新的颈侧点向下6.8cm画领口弧线，再与翻驳点连接，形成翻折线。

（3）翻折线内画出款式需要的驳领，沿镜像得到需要的领型。详细结构制图如图7-6所示。

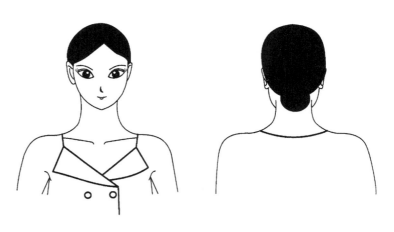

图7-5

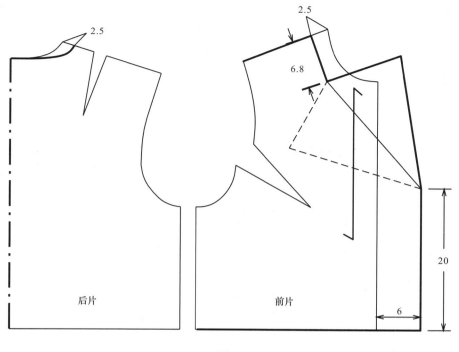

图7-6

二、案例二

（一）款式分析

　　此款驳领有荷叶波浪（图7-7），是在普通的驳领基础上展开得到。

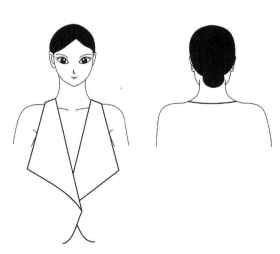

图7-7

（二）结构设计

在原型的领口线基础上调整，前后颈侧点需要向外调整2.5cm为新的颈侧点，颈前中心点向下调整至腰围线上。领子的结构设计方法与图7-6的领的结构设计方法相同。最后需要把得到的驳领沿剪切线扇形展开，得到有荷叶波浪的驳领。详细结构制图如图7-8、图7-9所示。

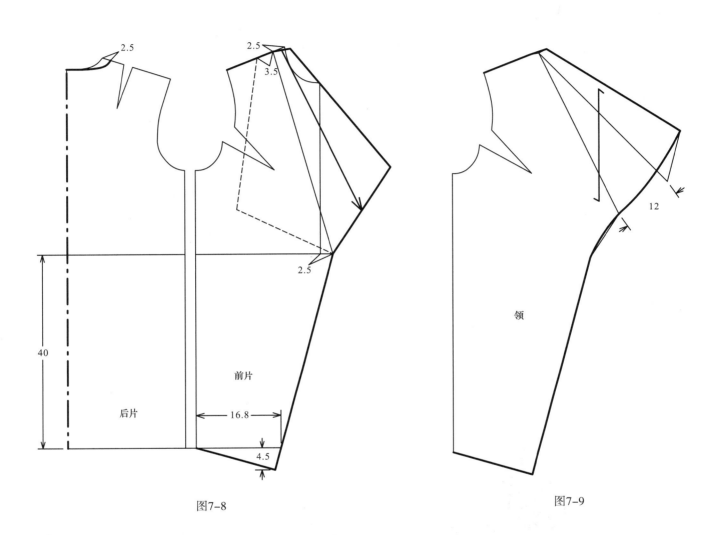

图7-8   图7-9

第三节　帽领结构与变化

衣身领口线直接与帽子相连接，没有其他的领型结构，帽子作为唯一的领子结构。帽子的变化比较多，有两片帽、三片帽；有纵向分割帽、横向分割帽。不管哪种帽型与衣身领口线连接的结构形式大致相同。

一、案例一

（一）款式分析

此款帽领为两片帽（图7-10）。帽子很宽大，平搭在后背。

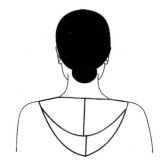

图7-10

（二）结构设计

（1）在原型的领口线基础上调整，前后颈侧点需要向外调整1.5cm为新的颈侧点，颈前中心点向下调整2.5cm。画顺新的前后领口弧线。

（2）过新的颈侧点画水平线，水平线向上移2cm为直线L。

（3）在新的前领口弧线三分之一处沿切线镜像前领口弧线，弧线端点向直线L引斜线，线段长度为新的后领口弧线长度∅。弧线画顺帽领的领下口线。

（4）向上延长前中直线，长度为帽长/2加松量

（帽长指颈前中心点沿耳侧至头顶的围度）。松量根据款式而定。

（5）过垂直线段顶点向前中方向画5cm的水平线段。5cm根据款式可适当调整。过A点向侧缝处作水平线段，长度为头围/2减去余量。余量根据款式而定。

（6）按照上述的水平垂直线画出帽领的轮廓矩形。再在此矩形上按照头部形状画出帽子的轮廓弧线。详细结构制图如图7-11所示。

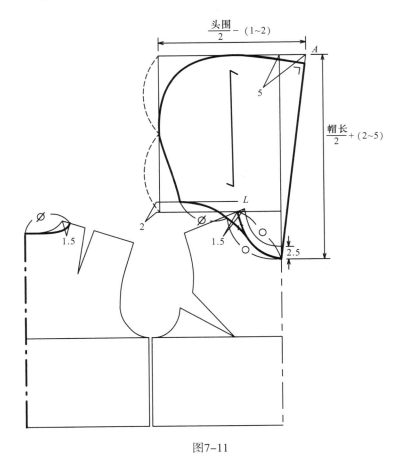

图7-11

二、案例二

（一）款式分析

此款式为三片式帽领（图7-12）。帽子较贴合头部，帽子前中部分还形成一个立领与衣身连接。

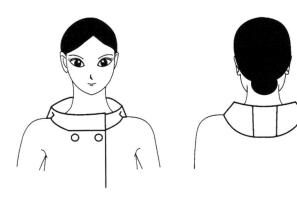

图7-12

（二）结构设计

（1）在原型的领口线基础上调整，前后颈侧点需要向外调整2cm为新的颈侧点，颈前中心点向下调整1.5cm。画顺新的前后领口弧线。

（2）在新的前领口弧线$\frac{1}{2}$处沿切线镜像前领口弧线，弧线端点向新颈侧点的水平线上引斜线，线段长度为新后领口弧线长度$\varnothing$。弧线画顺帽领的领下口线。

（3）新颈前中心点向上5cm画立领高，过领高端点画领上口弧线至前领口弧线$\frac{1}{2}$处。

（4）过原型颈侧点向上画垂直线段，长度为新颈前中心点向上$\frac{帽长}{2}$+5cm。过垂直线段顶点向前中方向画8cm的水平线段。再折回向侧缝处作水平线段，长度为$\frac{头围}{2}$-2cm。

（5）按照上述的水平垂直线画出帽领的轮廓矩形。

（6）再在此矩形上按照头部形状画出帽子的轮廓弧线，并画出前立领的领上口弧线。

（7）帽子的头顶外轮廓线向内偏移3cm，为帽子的最终外轮廓线。

（8）画一个矩形，宽度为6cm（向内偏移3cm的两倍），长度为头顶帽子的最终外轮廓线长度。这是三片帽领的中间片。详细结构制图如图7-13所示。

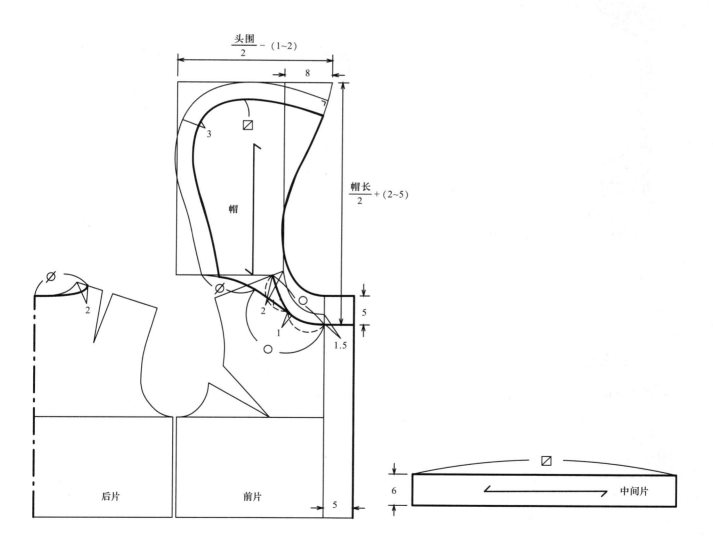

图7-13

第四节　系带领结构与变化

系带领是一种变形的立领。领子是长条形的带子，直接与衣身相连，抱颈。一般而言，系带领为直条式立领结构变形。

一、案例一

（一）款式分析

此领的款式为衬衣系带领（图7-14），领高为3.5cm。

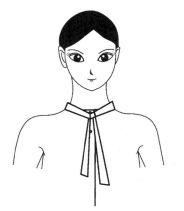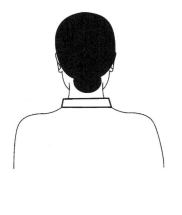

图7-14

（二）结构设计

在原型的领口线基础上，颈前中心点向下调整1cm。画顺新的前后领口弧线。采用直接制图法画立领结构。由于是直条式立领，领不贴颈，前端不需要起翘。领子前端画38cm长的系带部分。详细结构制图如图7-15所示。

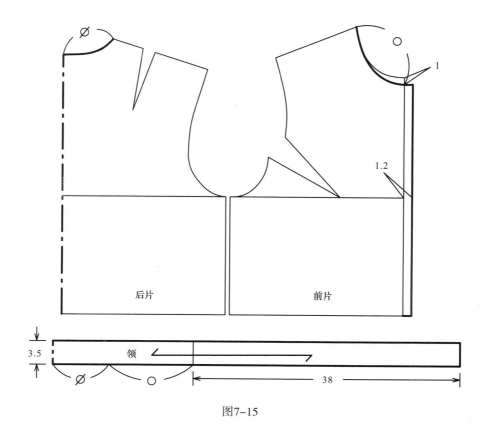

图7-15

二、案例二

（一）款式分析

此领的款式为低胸系带领（图7-16）。衣身领口开得较低，配上很宽的系带，有浪漫的情调。

（二）结构设计

在原型的领口线基础上调整，前后颈侧点需要向外调整1.9cm为新的颈侧点，颈前中心点向下调整

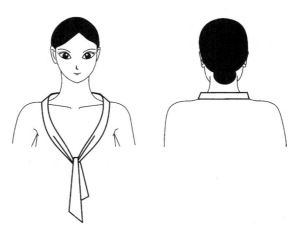

图7-16

至胸围线。画顺新的前后领口弧线。颈前中心点向下调整量大于5cm，需要增加一个2cm领口省，最后把领口省转移到衣身的省道里。采用直接制图法画立领结构。由于是直条式立领，领不贴颈，前端不需要起翘。领子前端画46.5cm长的梯形系带部分。领子是对折的两层，因此领高为8cm。详细结构制图如图7-17所示。

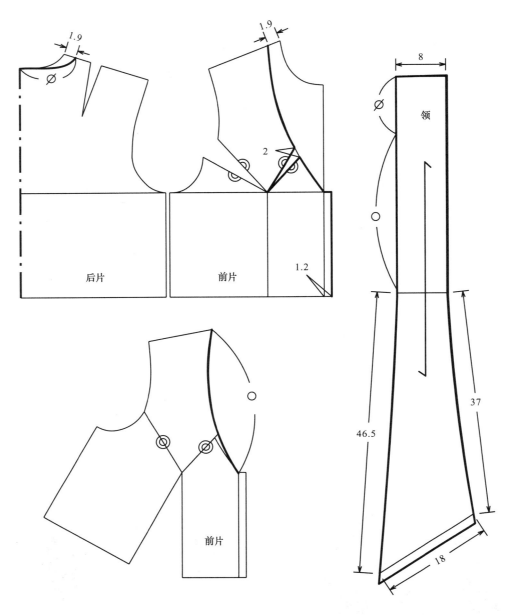

图7-17

第五节　各种组合领型变化

领子按结构分有无领、立领、翻领、平领四大种类。服装上的各种领型大多由这四种基本结构变化和组合得来。

一、案例一

（一）款式分析

此款领型是内倾式立领与外倾式立领的组合（图7-18）。领子形成一个花瓶颈的形状，造型独特。

（二）结构设计

在原型的领口线基础上调整，颈前中心点向下调整1cm。画顺新的前后领口弧线。采用剪切法画立领。确定下面的内倾式立领的领上口线围度为34cm，上面的外倾式立领的领上口线围度为60cm。详细结构制图如图7-19所示。

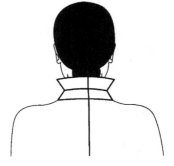

图7-18

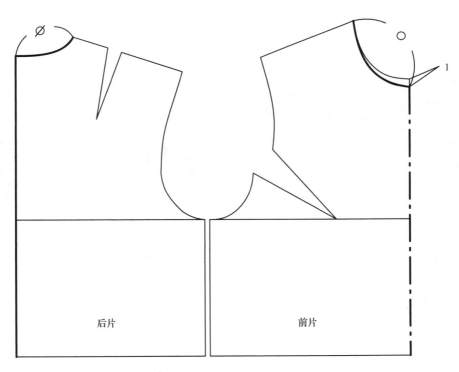

图7-19

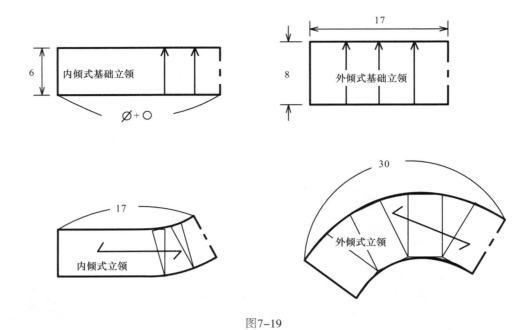

图7-19

二、案例二

（一）款式分析

此款领子是立领与驳领的组合（图7-20），衣身闭合就是一个传统的立领。

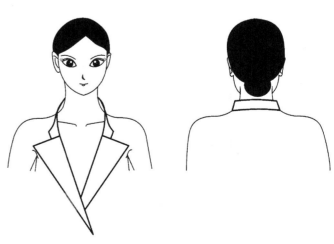

图7-20

（二）结构设计

在原型的领口线基础上调整，前后颈侧点需要向外调整2cm为新的颈侧点，颈前中心点向下调整

至腰围线。驳领的结构设计方法与图7-6的结构设计方法相同。立领的结构设计方法为直接制图法。由于是直条式立领，领子不贴颈，前端不需要起翘。详细结构制图如图7-21所示。

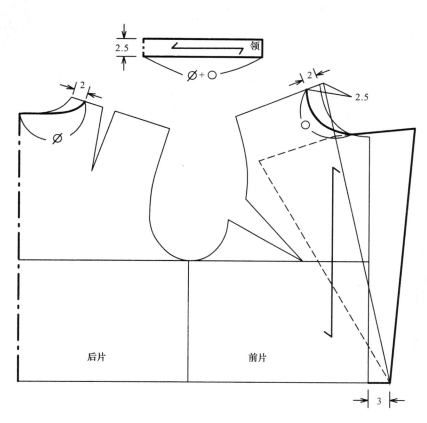

图7-21

三、案例三

（一）款式分析

此款领子是驳领与皱褶领的组合（图7-22）。

（二）结构设计

在原型的领口线基础上调整，前后颈侧点需要

向外调整4.5cm为新的颈侧点，颈前中心点向下调整至腰围线上20cm处。驳领的结构设计方法与图7-6的结构设计方法相同。皱褶领由直条式立领变化而来。立领的结构设计方法为直接制图法。立领前中起翘1cm，是适应款式前端领宽较窄。立领直接平行展开为两倍长度，是增加皱褶的量。详细结构制图如图7-23所示。

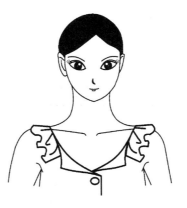
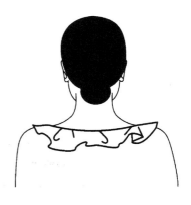

图7-22

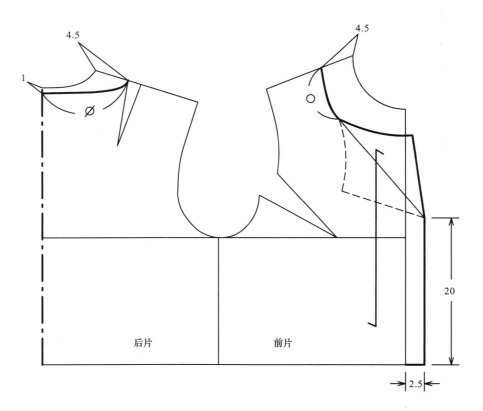

后片　前片

4.5　4.5

1

20

2.5

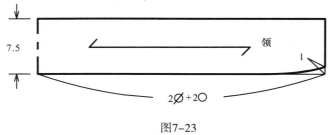

7.5

领

1

2∅+2○

图7-23

四、案例四

（一）款式分析

此款领型是由立领、平领、驳领组合而成（图7-24）。平领在肩上形成一个小披肩，造型独特。

（二）结构设计

（1）在原型的领口线基础上调整，颈前中心点向下调整至胸围线上。

（2）驳领的结构设计方法与图7-6的结构设计方法相同。

（3）立领是由直条式立领变化而来。立领的结构设计方法为直接制图法。立领是对折的两层，因此领高为12cm。

（4）由于平领接在立领上，因此不需要调整领外口线长度。直接在新的领口线上画出需要的领片，如图7-25所示。

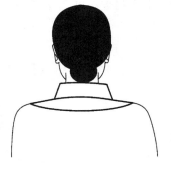

图7-24

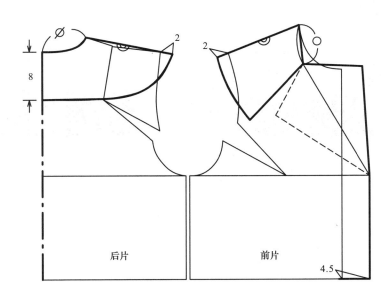

图7-25

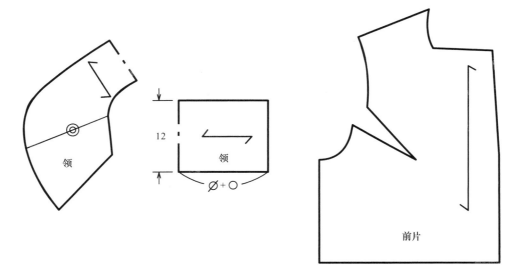

图7-25

（三）实物样衣展示（图7-26）

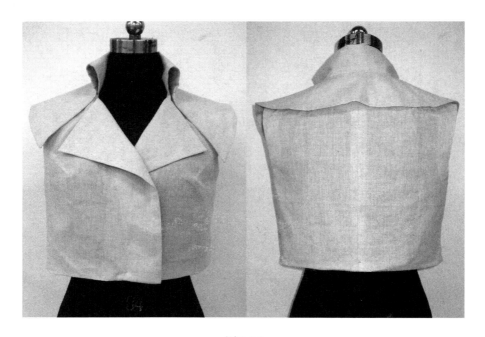

图7-26

参考文献

［1］日本文化服装学院. 服饰造型讲座①服饰造型基础[M]. 张祖芳等，译. 上海：东华大学出版社，2005.

［2］日本文化服装学院. 服饰造型讲座②裙子·裤子[M]. 张祖芳等，译. 上海：东华大学出版社，2004.

［3］日本文化服装学院. 服饰造型讲座③女衬衫·连衣裙[M]. 张祖芳等，译. 上海：东华大学出版社，2004.

［4］日本文化服装学院. 服饰造型讲座④套装·背心[M]. 张祖芳等，译. 上海：东华大学出版社，2005.

［5］日本文化服装学院. 服饰造型讲座⑤大衣·披风[M]. 张祖芳等，译. 上海：东华大学出版社，2005.

［6］三吉满智子. 服装造型学　理论篇[M]. 郑嵘，张浩，韩洁羽，译. 北京：中国纺织出版社，2006.

［7］张文斌. 服装结构设计[M]. 北京：中国纺织出版社，2006.

［8］中泽　愈. 人体与服装：人体结构·美的要素·纸样[M]. 袁观洛，译. 北京：中国纺织出版社，2000.

附录 日本文化式服装原型

一、日本文化式衣身原型各部位名称（附图1）

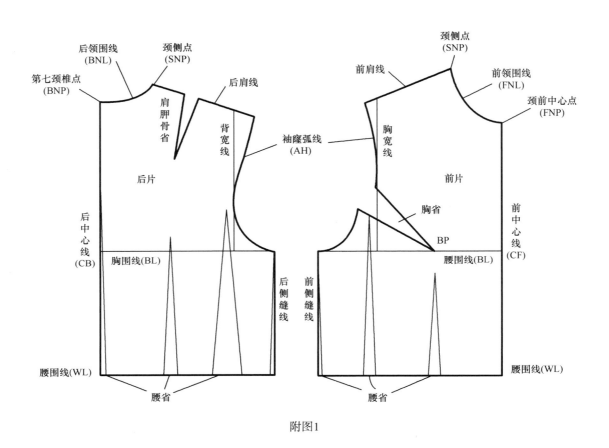

附图1

二、衣身原型制图

（一）使用部位尺寸（附表1）

附表1

号型	胸围（B）	腰围（W）	背长（BWL）
160/84A	84 cm	68 cm	38 cm

（二）结构制图（附图2、附图3）

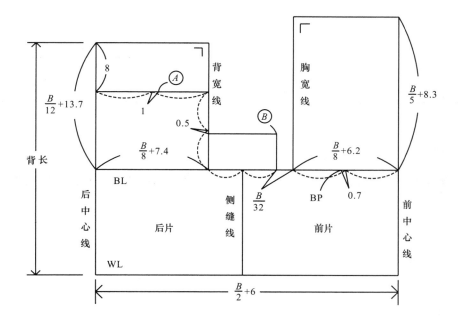

附图2

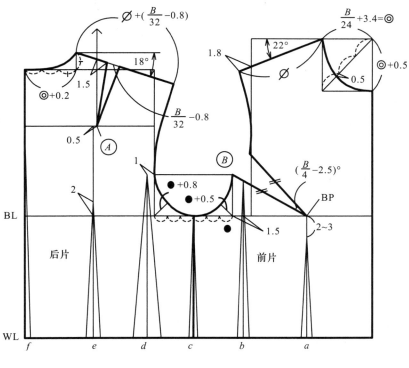

附图3

（三）总省量的计算与腰省分配（附表2）

$$总省量=\frac{B}{2}+6-\left(\frac{W}{2}+3\right)$$

附表2

总省量（%）	f（%）	e（%）	d（%）	c（%）	b（%）	a（%）
100	7	18	35	11	15	14

（四）衣身原型的修正

合并后肩胛骨省道，修正领口弧线与袖窿弧线，使之圆顺（附图4）。

合并前胸省，修正前袖窿弧线，使之圆顺（附图5）。

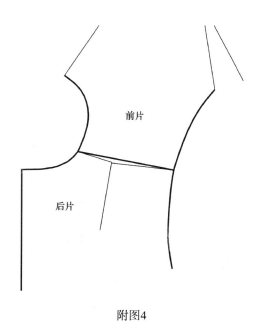

前片

后片

附图4

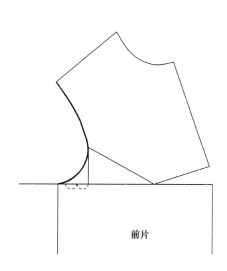

前片

附图5